Berichter: Prof. Dr.-Ing. Fritz Schmidt
Mitberichter: Dr.-Ing. habil. Friedrich Prockat

ISBN 978-3-662-27909-0 ISBN 978-3-662-29416-1 (eBook)
DOI 10.1007/978-3-662-29416-1

Die Dissertation erscheint als selbständige Veröffentlichung
als Heft 3 der Technisch-Wirtschaftlichen Berichte des Reichskohlenkommissars
im Buchhandel durch Springer-Verlag Berlin Heidelberg GmbH 1940

Inhaltsübersicht.

Abschnitt IX.

Abschnitt X.

Abschnitt XI.

Abschnitt XII.

Abschnitt XIII.

Abschnitt XIV.

Abschnitt XV.

Abschnitt I.

Einleitung: Allgemeine Gesichtspunkte für das Brechen von Kohle.

Die Steinkohle ist ein Naturprodukt. Sie wird je nach Beschaffenheit, Alter, Lage und Umfang der einzelnen Flöze, Art und Festigkeit des darüber lastenden Gebirges in verschiedenen Verfahren abgebaut und fällt auch in unterschiedlichen Körnungsverhältnissen an.

Dieser Sortenanfall unterliegt bei den einzelnen Gruben auch Schwankungen, je nachdem gewisse Flöze gerade überwiegend an der Förderung beteiligt sind.

Die Kohle wird entweder unmittelbar in den verschiedenartigen Kesselanlagen verfeuert oder zu den neuzeitlichen Veredelungsverfahren verwertet. Hierzu wird von den Verbrauchern außer gewissen chemischen Eigenschaften vor allem die Einhaltung bestimmter Kornklassen verlangt[1].

Die Nachfrage erstreckt sich in der Hauptsache auf den Kornklassenbereich von 10—80 mm. Die Körnung muß jedoch für den jeweiligen Verwendungszweck noch erheblich enger begrenzt werden[2].

Der natürliche Körnungsanfall steht nicht immer restlos mit den Bedürfnissen der Abnehmer in Einklang. Um die vorherrschende Nachfrage nach mittleren und kleineren Kornsorten zu befriedigen, muß der Kohle oft die gewünschte Größe und Form künstlich gegeben werden.

Hierfür bestehen zwei Möglichkeiten: es werden entweder die Fein- und Staubkohlenanteile zusammengepreßt, also brikettiert, oder die großen Sorten zerkleinert.

Auf die Brikettierung, deren wirtschaftliche Anwendung bei manchen Kohlenarten begrenzt ist, soll im Rahmen dieser Arbeit nicht weiter eingegangen werden[3].

Für die Zerkleinerung der Kohle wurden ursprünglich die in anderen Industrien gebräuchlichen Brecher übernommen. Es zeigte sich jedoch, daß der auf den Anfall der erstrebten Kornsorten bezogene wirtschaftliche Wirkungsgrad dieser Maschinen bei dem Brechen von Kohle sehr ungünstig ist. Im Verhältnis zu den mitanfallenden anderen Sorten wurde ein zu geringer Anteil in der gewünschten Körnung erzeugt. Vor allem entstand Fein- und Staubkohle in solchem Umfange, daß sich das Brechen bei den bestehenden Sortenpreisen nicht wirtschaftlich gestalten ließ.

Die bisherigen Verbesserungen an den Brechern wurden zumeist auf dem Wege der Erfahrung gefunden. Es gab wenig Vergleichsmöglichkeiten für den Körnungsanfall verschiedener Brecher, weil einmal ein Maßstab zur Umrechnung auf die verwendete Kohlenart fehlte und zum andern die einzelnen Korngrößen eines Brechvorganges, vor allem die Ausgangskorngröße, meist nur ungenügend bezeichnet waren.

Hauptsächlich aus wirtschaftlichen Gründen des Bergbaus erwuchs das Bedürfnis festzustellen, inwieweit die Grobzerkleinerung von Steinkohle auf bestimmte Kornklassen möglich ist, ob ferner hierfür noch Entwicklungsaussichten bestehen und welche Anforderungen schließlich an einen in diesem Sinne günstig arbeitenden Brecher zu stellen sind.

In ähnlicher Weise, wie vor etwa 10 Jahren das Problem der Feinvermahlung[4] von Steinkohle untersucht und weiter entwickelt wurde, soll im folgenden das Grobbrechen einer eingehenden Prüfung unterzogen werden[5, 6, 7].

Als Zielsetzung gilt hierbei, einen Brecher zu schaffen, der ein gewünschtes, eng begrenztes Korn in besonders großem Anteil bei geringstem Feinkohlenanfall herauszuarbeiten vermag.

Sodann soll den Zechen ein Anhalt dafür gegeben werden, wie der Brechvorgang zerlegt und abgestimmt werden muß, um die Preisminderung durch den Anfall von niedrigbewerteter kleinerer Kohle wirtschaftlich tragbar zu gestalten.

Ferner soll zur Festlegung von Gewährleistungen gezeigt werden, wie das Körnungsband beim Brechen verschiedener Kohlenarten von bestimmten Ausgangskorngrößen beschaffen ist.

Abschnitt II.

Das Versuchsprogramm.

1. Untersuchung von Beanspruchungsarten der Kohle.

Durch Untersuchungen an Probekörpern aus ein und derselben Kohle sollen das grundsätzliche Verhalten der Kohle gegenüber verschiedenen Beanspruchungsarten und ihre Festigkeitseigenschaften ermittelt werden. Die Beobachtungen haben sich zugleich auf die Verhältnisse zu erstrecken, die sich aus der Beschaffenheit und dem Gefüge der Kohle herleiten.

[1] K. Glinz, Aufbereitung und Brikettierung der Steinkohle. In Herbig-Jüngst, Bergwirtschaftliches Handbuch, S. 358f. — Kralik, Marktlage, Preis und Gestehungskosten der Kohle. In Borchardt, Handbuch der Kohlenwirtschaft. Berlin 1926.

[2] Fr. Herbst und L. Kühlwein, Notwendigkeit und Zielsetzung der Steinkohlenaufbereitungsforschung. Glückauf 70 (1934), S. 993f. — K. Glinz, Die gegenwärtigen Probleme der Kohlenaufbereitung. Glückauf 65 (1929), S. 1125f.

[3] K. Glinz, Aufbereitung und Brikettierung der Steinkohle. In Herbig-Jüngst, Bergwirtschaftliches Handbuch, S. 358f.

[4] Rammler, Gesetzmäßigkeiten in der Kornverteilung zerkleinerter Stoffe. Verfahrenstechnik VDI 1937, H. 5.

[5] Die Arbeit wurde im Auftrage des Reichskohlenrates und des Oberschlesischen Steinkohlensyndikates durchgeführt.

[6] Die besondere praktische Unterstützung durch Herrn Direktor Dr.-Ing. Dresner veranlaßt mich, ihm an dieser Stelle bestens zu danken.

[7] Den beiden Herren Prof. Dr.-Ing. Fr. Schmidt und Dr.-Ing. habil. Fr. Prockat verdanke ich eine eingehende Betreuung und Förderung der vorliegenden Untersuchungen.

Die bei der Zerkleinerung von Probekörpern anfallenden Restkörper und die Feinkohlenanteile sollen ermittelt werden, um so eine Vergleichmöglichkeit mit den Körnungsergebnissen von betriebsmäßigen Maschinen zu gewinnen.

Außer den Versuchen unter ruhender Belastung sollen Handschlagversuche durchgeführt werden, um auch für schlagartige Zerspaltung entsprechende Werte zu erhalten.

2. Untersuchung von Brechern.

Durch betriebsähnliche Versuche an den verschiedenen marktgängigen Brechern sind der Brechvorgang und die Beanspruchungsarten, die Kornverteilung und die Durchsatzleistung zu ermitteln und einer kritischen Beurteilung zu unterziehen. Dadurch soll unter Mitberücksichtigung der wirtschaftlichen Gesichtspunkte ein Überblick darüber gewonnen werden, welche von den einzelnen Maschinen sich zum Brechen der Kohle am besten eignen.

3. Versuchsbrecher.

Die Erkenntnisse aus den Versuchen und aus der Beobachtung des Brechvorgangs an den gebräuchlichen Brechern können dann zur Herstellung eines Versuchsbrechers verwendet werden, um an ihm den Einfluß der den Brechvorgang bestimmenden Umstände nachzuweisen.

Durch richtige Abstimmung der einzelnen Kenngrößen aufeinander und auf die brechende Kohlenart soll versucht werden, den Körnungsverlauf soweit als möglich in den Bereich der gewünschten Kornklassen zu ziehen.

4. Gesichtspunkte für die Beurteilung.

Die Beurteilung eines Brechvorganges richtet sich in erster Linie nach der Kornverteilung des Brechguts und nach der Durchsatzleistung des Brechers.

Der reine Arbeitsvorgang beim Brechen, die bauliche Durchbildung des Brechers, der Kraftbedarf und die sonstigen betrieblichen Gesichtspunkte werden nur insoweit behandelt, als es zum Verständnis des Ganzen notwendig erscheint.

5. Folgerungen.

Die Beurteilung soll durch wirtschaftliche Betrachtungen gestützt werden, die sich aus dem Zusammenhang zwischen der durch das Brechen gesteigerten Verwendungsmöglichkeit bestimmter Körnungen der Kohle und der Preisminderung für das Brechgut als Ganzes ergeben.

Abschnitt III.
Vorbetrachtungen und Begriffsbestimmungen.

Die Zerkleinerung beruht auf der Aufteilung eines Körpers nach einer oder mehreren Trennflächen und damit auf der Erzeugung kleinerer Einzelkörper.

Bei der Zerkleinerung von Kohle in einer Maschine entsteht ein Körnungsband, das alle Korngrößen vom kleinsten Korn mit wenig mehr als 1 μ Kantenlänge bis zu einem oberen Grenzkorn aufweist.

Zwischen diesen Grenzwerten tritt eine bestimmte Korngröße mengenmäßig am stärksten auf; sie soll als Leitkorn bezeichnet werden.

Das Verhältnis der Größe des Aufgabekorns zu der des Leitkorns gibt den Zerkleinerungsgrad an. Es wird also im Rahmen dieser Arbeit entgegen der üblichen Auffassung, die die durchschnittliche Korngröße des Brechgutes ins Verhältnis zur Aufgabekorngröße setzt, das „häufigste Korn“ zur Bestimmung des Zerkleinerungsgrads herangezogen. Hierbei sind die Korngrößen als Kantenlängen oder als Durchmesser des die Körnung abgrenzenden Rundlochs angegeben.

Das Verhältnis des Anteils der Sollkornklassen zu dem der darunterliegenden ebenfalls mitanfallenden Feinkohlen soll als Kornklassenverhältnis des Brechers bezeichnet werden. Es ist in hohem Maße für die Güte des Brechers mitbestimmend.

In der vorliegenden Arbeit ist hierunter für einen Nachbrecher das Verhältnis der Körnung 25—70 mm zu der Körnung 0—25 mm zu verstehen, wobei die Körnung über 70 mm in der Annahme, daß sie im Kreislauf nochmals aufgegeben und dann ebenfalls im gleichen Verhältnis gebrochen wird, unberücksichtigt bleibt.

Bei der Zerkleinerung sind drei Grundziele zu unterscheiden.

1. Vorzerkleinerung als Vorstufe der Zermahlung.

Zur günstigen Vermahlung ist eine bestimmte Aufgabekörnung je nach der Maschinenart bis etwa Erbsgröße erforderlich. Der Überkornanteil dieses Gutes darf nur gering sein, während der Anfall von feineren Körnungen erwünscht ist. Der Hauptwert bei der Vorzerkleinerung wird also darauf gelegt, daß möglichst das gesamte Brechgut klein wird[8].

2. Brechen von verwachsener Kohle.

Die Kohle muß so weit aufgeteilt werden, daß in dem nachfolgenden Wasch- und Aufbereitungsvorgang eine genügende Scheidung zwischen Reinkohle, Mittelgut und Bergen vorgenommen werden kann. Dabei soll auch die verwachsene Kohle, aber nur in dem unbedingt notwendigen Umfang, zerkleinert werden, damit der preismäßige Verlust durch Herabsetzung der Korngröße in wirtschaftlichen Grenzen bleibt. Beim Zerkleinern wird angestrebt, die Kohlekörper möglichst nach den Berührungsflächen zwischen Kohle und Bergen zu spalten.

3. Brechen von Kohle zur Befriedigung des Marktes[9].

Zu Zeiten, in denen das Angebot von Kohle größer als die Nachfrage oder ihr mindestens gleich ist, müssen die Zechen einen Teil der anfallenden Stück- und Würfelkohlen entweder auf Halde legen oder in marktgängige kleinere Sorten brechen. Aus wirtschaftlichen Gründen muß der durch das Brechen verursachte Erlösverlust der Kohle möglichst gering gehalten werden.

Aus diesem Zwange zum Brechen der Kohle einerseits und der stark unterschiedlichen Bewertung der einzelnen Kornklassen anderseits (siehe Zahlentafel 10) ergibt sich für die Zechen die Aufgabe, ein bestimmtes nach oben hin begrenztes grobes Korn zu erzeugen. Dieses muß einen möglichst hohen Anteil in der preislich am höchsten bewerteten Kornklasse von 40—70 mm enthalten und darf keinen nennenswerten Anfall an den kleineren Sorten unter 25 mm aufweisen.

Die dazu nötigen Brecher sind auf den Zechen selbst aufgestellt. Von den Körnungen geht der überwiegende

[8] Bleibtreu, Kohlenstaubfeuerungen. — K. Meister, Die Entwicklung von Feinbrechern. Verfahrenstechnik VDI. 1938, H. 2. — K. Naske, Zerkleinerungsvorrichtungen und Mahlanlagen. Verlag Otto Spamer 1926.

[9] Gesehen unter Berücksichtigung der wirtschaftlichen Belange des Bergbaues.

Teil, der aus den gröberen Sorten besteht, in den Hausbrand; nur die kleineren Kohlensorten werden für Industriefeuerungen verwendet.

4. Brechen von Kohle auf Industriekörnungen.

Im Gegensatz zum Brechen von Kohle in Nußsorten für die Befriedigung des Marktes an Hausbrandkohle ist das Brechen zur Herstellung von Industriekörnungen fast ausschließlich eine Angelegenheit der Kohle verbrauchenden Industrie. Es kommt hierbei in erster Linie darauf an, die Korngröße von 10—25 mm zu schaffen, weil der Wanderrost nur Körnungen bis zu 30 mm Größe vorteilhaft verfeuern kann, und weil auch die verschiedenen Veredelungsverfahren derartige Sorten benötigen.

Die verbrauchende Industrie ist daher in Zeiten eines außerordentlichen Bedarfs an Kohlen genötigt, große Nüsse, Würfel und Stücke zu beziehen und sie auf eigenen Brecheranlagen in zweckentsprechende kleine Sorten zu brechen, wobei die reine Preisfrage mehr in den Hintergrund tritt.

Es wird hierbei weiterhin verlangt, möglichst wenig Feinkorn unter 8—10 mm, anderseits aber auch kein Überkorn über 30 mm zu erzeugen.

Regelfähiges Brechen.

Beide Gesichtspunkte, Brechen zur Befriedigung des Marktes an Hausbrandkohle und Brechen zur Herstellung von Industriekörnungen, werden von dem Gedanken beherrscht, eine bestimmte, eng begrenzte Kornklasse in möglichst großem Umfang zu schaffen und alle von diesem Leitkorn abweichenden Sorten auf das geringste Maß zu beschränken.

Ein derartiges Brechen soll mit dem Begriff „regelfähig" bezeichnet werden.

Abschnitt IV.

Physikalische Grundeigenschaften der Kohle. Herrichten der Probekörper.

Die rohen Stücke für die Versuchskörper entstammen der Kohle „E" und wurden aus einer Vortriebsstrecke, die bisher kaum beschossen war, durch Schrämen und Keilhauen abgebaut und einzeln verpackt nach über Tage gefördert.

Die Versuchskörper wurden mit einer Bandsäge aus den großen Stücken gesägt. Soweit angängig, wurden mehrere Probekörper aus einem Stück gewonnen, die nach dem Sägen noch von Hand auf Sandpapier plangeschliffen wurden. Auf diese Weise wurden nahezu gleichlaufende und glatte Flächen mit scharfen Kanten geschaffen[10].

Die Probekörper für die Druckversuche hatten Würfelform mit einer Kantenlänge von 75—80 mm, diejenigen für die Scher- und Biegeversuche ziegelsteinähnliche Form mit durchschnittlichen Abmessungen von 40×100×195 mm.

Die meisten Kohlekörper waren so aus dem Stück gesägt worden, daß zwei ihrer Flächen parallel zu der Kohleschichtung verliefen; bei einigen standen die Flächen schräg zur Schichtung. So konnte das unterschiedliche Verhalten der Kohle bei einer Schichtung parallel, senkrecht und im Winkel zur Beanspruchungsrichtung erfaßt werden.

[10] Die Probekörper wurden auf der Gräfin Johanna-Schachtanlage, Bobeck (O.-S.), hergestellt. Ich möchte an dieser Stelle Herrn Masch.-Betriebsführer Dipl.-Ing. Czech für seine tatkräftige Unterstützung bestens danken.

Es wurden Probekörper aus fast reiner Mattkohle und auch solche aus Streifenkohle untersucht[11]. Bei der Streifenkohle überwog der Mattkohlenanfall. Auch traten hierbei meist stärkere Schwefelkieseinlagerungen, gewöhnlich in alten Rissen senkrecht zur Schichtung, auf. Einige Mattkohlenkörper waren ganz frei von Schwefelkieseinschlüssen und sonstigen Einlagerungen. Größere Risse ließen sich äußerlich an den Körpern nicht feststellen, während kleine Haarrisse nicht zu vermeiden waren.

1. Flächendruck.

a) Vorrichtung.

Die Druckversuche[12] wurden auf einer kleinen hydraulischen Presse durchgeführt (Abb. 1 und 2), deren untere Druckfläche fest mit dem Preßzylinder verbunden und deren obere beweglich in einer Halbkugel gelagert war. An den vier Ecken der Preßplatte waren Meßuhren angebracht. Außer der Bruchlast konnte auf diese Weise gleichzeitig der Grad der Zusammendrückung und damit der Elastizitätsmodul für die Kohle bestimmt werden.

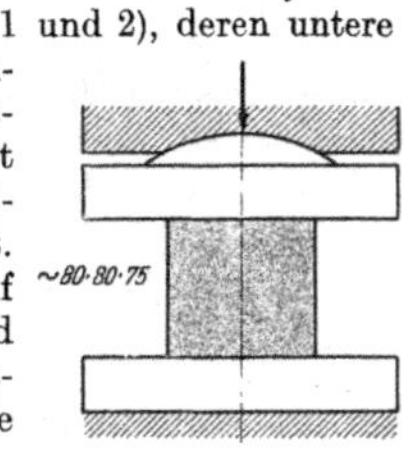

Abb. 1. Flächendruck.

b) Vorgänge beim Druck.

Bei einer gewissen Belastung begannen alle Würfel zu knistern, und zwar Mattkohlekörper ziemlich gleichmäßig bei 80—87 kg/cm², während bei denen aus Streifenkohle dieser Belastungswert entsprechend der Gefügezusammensetzung mehr streute.

Abb. 2 Versuchspresse für Flächendruckbeanspruchung.

Bei Entlastung hörte das Knistern auf, zugleich gingen die Körper fast völlig wieder in ihre Ausgangshöhe zurück. Nach erneuter Belastung trat das Knistern wieder auf, wurde mit wachsender Belastung immer stärker und ging bei noch stärkerem Druck in ein zunächst leises und dann kräftigeres Knacken über. Kurz vor dem eigentlichen

[11] E. Stach, Petrographische Zusammensetzung der Kohle. In Herbig-Jüngst, Bergwirtschaftliches Handbuch.

[12] Die gesamten physikalischen Versuche wurden in dem Institut von Herrn Prof. Dr. Kögler, Freiberg i. Sa., durchgeführt. Hier hatte ich neben dessen Unterstützung und Hilfe auch der Hilfe von Herrn Dr. Scheidig zu danken.

Bruch sprangen von den seitlichen Flächen der Kohle kleine Plättchen ab.

Der Bruch selbst ging bei den härteren Mattkohlewürfeln ohne vorherige größere Zusammendrückung, also ohne plastische Formänderung, ganz plötzlich — fast explosionsartig — vor sich, wobei die einzelnen Stückchen mehrere Meter weit fortgeschleudert wurden. Die Körper aus Streifenkohle wurden meist mit dumpfem Knall zerdrückt; dabei sprangen ebenfalls kleine Teile, jedoch weniger weit, ab.

c) Ergebnisse.

Die Ergebnisse der Druckversuche sind in der Zahlentafel 1 zusammengestellt. Danach liegt die Druckfestigkeit[13] für reine Mattkohlewürfel erheblich höher als für Streifenkohle. Bei einer Schichtung gleichlaufend zur Druckrichtung ist sie niedriger als bei einer Schichtung senkrecht dazu. Dies trat bei Streifenkohle weniger in Erscheinung, weil diese Körper einmal viel ungleichmäßiger in ihrer Beschaffen-

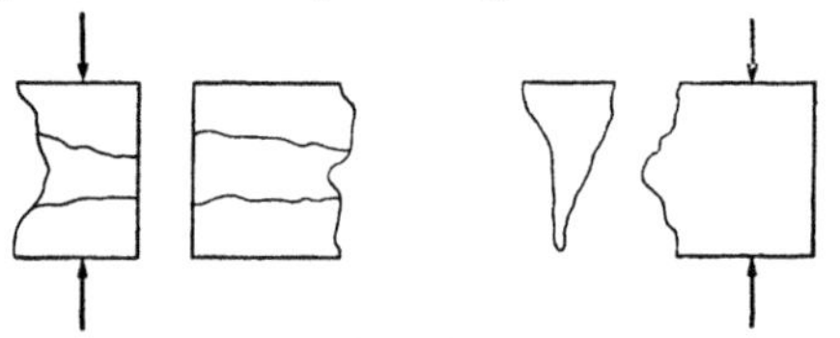

Abb. 3. Restkörper nach Flächendruckbeanspruchung von Mattkohle.

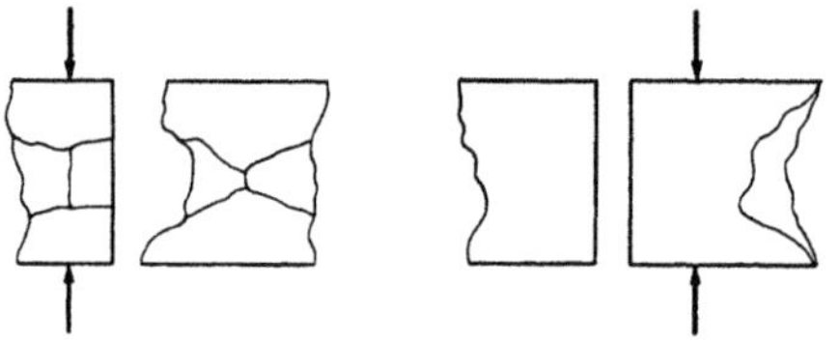

Abb. 4. Restkörper nach Flächendruckbeanspruchung von Streifenkohle.

heit waren und zudem in größerem Umfange Einschlüsse und feinere Risse aufwiesen. Hierdurch kommt die Abhängigkeit der Druckfestigkeit von der Lage der Schich-

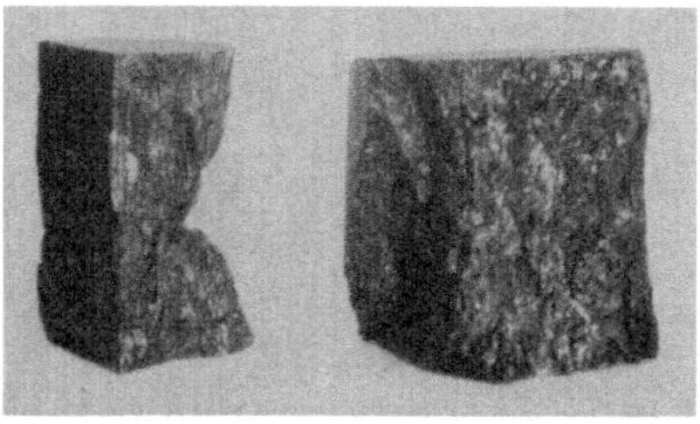

Abb. 5.*) Restkörper von Mattkohle nach Flächendruckbeanspruchung. Versuch 1. Versuch 2.

tung nicht so sehr zur Geltung; sie wird eben durch die anderen Einflüsse stark überlagert[14].

[13] H. Bode, Druckfestigkeit von Kohle. Glückauf 69 (1933), S. 296/97. — K. Stöck, H. Herrmann und H. Udluft, Gebirgsdruck und Plattenstatik. Elastizitätsversuche an karbonischen Gesteinen Oberschlesiens. Z. Berg-, Hütt.- u. Salinenw. 82 (1934), H. 6.

[14] L. Kühlwein, H. Meyer und E. Hoffmann, Betriebszustand und Betriebsergebnisse in Steinkohlenaufbereitungen des Ruhrbezirks. Glückauf 72 (1936), S. 511ff.

*) Die Werte der einzelnen Versuche sind aus den Zahlentafeln ersichtlich.

Die Restkörper wiesen meist die auch bei Beton übliche Form der Einschnürung (siehe Abb. 3, 4, 5 und 6) auf und waren bei Mattkohle meist so fest, daß sie von Hand nicht weiter zerbrochen werden konnten; bei Streifenkohle

Abb. 6. Restkörper von Streifenkohle nach Flächendruckbeanspruchung. Versuch 10. Versuch 11.

waren sie teilweise fest und teilweise sehr brüchig. Bei einigen Stücken war der Restkörper in der Mitte, und zwar senkrecht zur Druckrichtung, nochmals gespalten.

Abb. 7. Restkörper von Kennelkohle nach Flächendruckbeanspruchung. Versuch 9.

Vergleichsweise gedrückte Würfel aus Kennelkohle ergaben einen muschelförmigen Bruch (siehe Abb. 7).

Etwa zwei Drittel des Würfels bei Mattkohle und ein Drittel bei Streifenkohle waren zu kleinen Stücken, Platten und Nadeln zwischen 0—15 mm zertrümmert worden. Je heftiger der Würfel im Augenblick der Zerdrückung zerknallte, desto kleiner blieb meist der Restkörper[15].

d) Spannungsdehnungskurve und Elastizitätsmodul.

Die Spannungsdehnungskurve[16] in Abb. 8 zeigt deutlich, daß die Neigung der Kurvenscharen von etwa 80 bis 100 kg/cm^2 an stetig wird. Die etwas flachere Kurve im Anfang, d. h. die größere Zusammendrückung im unteren Bereich, hat nun ihren Grund entweder darin, daß die Körper doch nicht vollkommen eben an den Preßflächen anlagen, und daß sich zunächst die hervorstehenden Erhebungen angleichen mußten — in diesem Falle hat der richtige Elastizitätsmodul erst nach dieser Angleichung Gültigkeit — oder aber darin, daß die Kohle sich nach der Entlastung von dem Gebirgsdruck, der ursprünglich vorhanden war, etwas ausgedehnt hat. Trifft diese Annahme zu, so läßt sich die Kohle zuerst bis zur Erreichung

[15] K. Lehmann und E. Hoffmann, Kohlenaufbereitung nach petrographischen Gesichtspunkten. Glückauf 67 (1931) Nr 1, S. 1/14.

[16] K. Stöck, H. Herrmann und H. Udluft, Gebirgsdruck und Plattenstatik. Elastizitätsversuche an karbonischen Gesteinen Oberschlesiens. Z. Berg-, Hütt.- u. Salinenw. 82 (1934), H. 6.

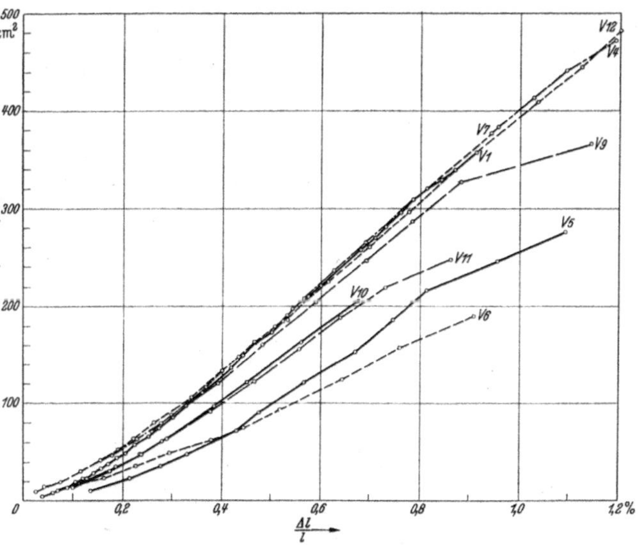

Abb. 8. Spannungsdehnungskurve von Druckversuchen mit bearbeiteten Kohlewürfeln. Kantenlänge 7—8 cm.

V 1 = Mattkohle, Druck ∥ Schichtung	V 5 = Streifenkohle Druck ∥ Schichtung
V 4 = ,, ,, ⊥ ,,	V 6 = ,, ,, ⊥ ,,
V 7 = ,, ,, ⊥ ,,	V 10 = ,, ,, ∥ ,,
V 12 = ,, ,, ⊥ ,,	V 11 = ,, ,, ⊥*) ,,
V 9 = Kennel-Kohle.	*) ⊥ + ⊥ 60°.

ihres eigentlichen ursprünglichen Beharrungszustands stärker zusammendrücken; der wahre Elastizitätsmodul ergibt sich dann erst nach Überschreiten dieses Spannungsgrads, bei dem sie gewonnen wurde.

Läßt man die Gewölbebildung[17] und die dadurch verursachte unterschiedliche Belastung der darunter liegenden Kohle unberücksichtigt und setzt man als Gewicht des Gebirges einen Durchschnittswert von 2,5 t/m³ ein, so erhält man als Druckbelastung des Gebirges in 320 m Tiefe, aus der die Kohle gewonnen wurde, 80 kg/cm². Im vorliegenden Fall dient dieser Wert mit dem Verlauf der Kurven gut überein.

Eine allgemeine Gültigkeit läßt sich natürlich erst auf Grund umfangreicher Einzelversuche mit mehreren Kohlenarten, die auch aus verschiedenen Tiefen stammen, nachweisen.

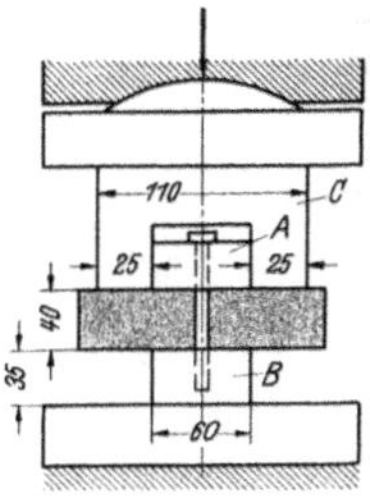

Abb. 9. Abschervorgang.

2. Abscherung.

a) Vorrichtung.

Die Scherversuche wurden mit der Vorrichtung nach Abb. 9 und 10 durchgeführt. Dabei waren die Kohlekörper mit einer geringen Vorspannung zwischen die Backen *A* und *B* eingespannt. Der Stempel *C* wurde auf die eigentliche Kohlefläche gedrückt und brachte diese so zum Abscheren.

b) Vorgänge beim Abscheren.

In gleicher Weise wie bei den Druckversuchen ließ sich auch beim Abscheren das Knistern und spätere Knacken

Abb. 10. Versuchspresse für Abscherbeanspruchung.

in den Kohlekörpern wahrnehmen. Kurz vor der Abscherung entstanden an der Scherstelle kleine Haarrisse.

c) Ergebnisse.

Die Ergebnisse sind in Zahlentafel 2 aufgeführt. Die Werte für die Scherfestigkeit fallen von reiner Mattkohle nach der Streifenkohle hin ab, was bei senkrecht zur Scherrichtung verlaufenden Schichten deutlich zu erkennen ist. Bei Schichtung gleichlaufend zur Beanspruchung liegen die entsprechenden Werte niedriger.

An den Scherflächen entstand so gut wie kein Staub. Alle drei so gebildeten Restkörper blieben fest und ließen sich von Hand nicht weiter zerbrechen. Irgendwelche neuen Risse waren nicht zu erkennen (siehe Abb. 11 und 12).

Abb. 11. Restkörper nach Abscherbeanspruchung. Versuch 17.

3. Biegung.

a) Vorrichtung.

Die Versuche wurden mit der Vorrichtung nach Abb. 13 und 14 durchgeführt. Die Kohle lag auf zwei halbrunden Stäben von 15 mm Halbmesser und 180 mm Abstand eben auf. Die Biegungskraft wurde in der Mitte der beiden

Abb. 12. Restkörper nach Abscherbeanspruchung. Versuch 13. Versuch 16.

[17] F. Heise, Bergbau bei großer Teufe. Der Gebirgsdruck. In Herbig-Jüngst, Bergwirtschaftliches Handbuch S. 317. — G. Spackeler, Die wirtschaftliche Ausnutzung des Gebirgsdruckes. In Herbig-Jüngst, Bergwirtschaftliches Handbuch. — Stöck, Herrmann, Udluft, Gebirgsdruck und Plattenstatik, a. a. O., Z. Berg-, Hütt.- u. Salinenw. 82 (1934), H. 6.

Auflager durch einen gleichartigen halbrunden Stab von oben ausgeübt. Ungenauigkeiten in der Oberfläche der Kohle ließen sich durch Einschieben kleiner Bleche unter die Auflagerungen ausgleichen, so daß eine gleichmäßige Beanspruchung stattfinden konnte.

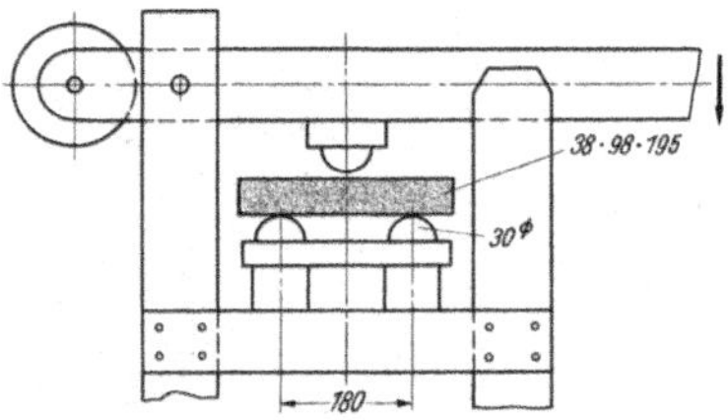

Abb. 13. Biegungsvorgang.

Damit sich auch wirklich reine Biegungsbeanspruchung ergab, wurde die Balkenhöhe der verwendeten Ziegel mit etwa $^1/_5$ der Balkenlänge gewählt.

Abb. 14. Versuchseinrichtung für Biegungsbeanspruchung

b) Vorgänge beim Biegen.

Bei zunehmender Belastung ließ sich zuerst ein Knistern und dann ein Knacken vernehmen. Zugleich vergrößerten sich die vorher teilweise nur mit dem Mikroskop erkennbaren Haarrisse.

Bei vier von den sieben Versuchen ließ sich ein deutliches Fließen[18], also eine Zunahme der Durchbiegung ohne weitere Gewichtsbelastung, feststellen. Der eigentliche Bruch trat entweder während des Fließens ohne Steigerung der Belastung ein oder erst nach Aufhören des Fließens bei weiterer Vergrößerung der Belastung.

Der Bruch ging in allen Fällen von der unteren, auf Zug beanspruchten Seite des Kohlekörpers und fast immer von feinen Rissen aus.

c) Ergebnisse:

Die Bruchfestigkeit (siehe Zahlentafel 3) ist weniger von der Art der Kohle (Matt- oder Streifenkohle) und auch weniger von der Lage der Schichtung abhängig als von dem Ausgangszustand des Körpers. Für die Biegungsfestigkeit sind die vorhandenen feinen Risse ausschlaggebend. Die Bruchlinie (siehe Abb. 15, 16 und 17) lag auch meist nicht genau in der Mitte, also an der Stelle der größten Durchbiegung, sondern seitlich davon, und zwar in einigen Fällen um 10—15 mm. Das Fließen war nur bei den Körpern mit anfangs wenigen Rissen festzustellen. Beim Bruch selbst entstand fast kein Staub. Die beiden Reststücke blieben fest und ließen sich nicht weiter von Hand zerbrechen.

Die Kohle ist gegen Biegungsbeanspruchung sehr empfindlich. Eine geringfügige stoßartige Belastungssteigerung

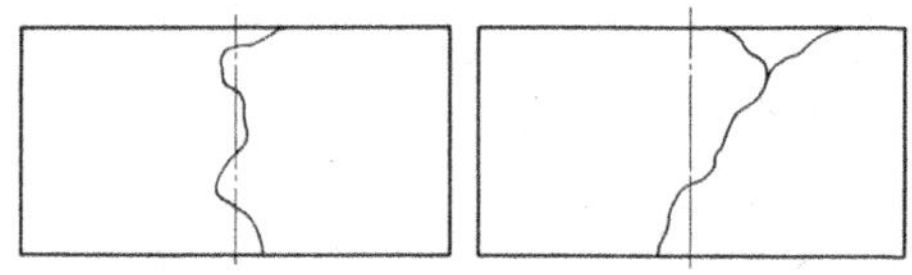

Abb. 15. Restkörper nach Biegungsbeanspruchung. Bruchverlauf auf der gezogenen Seite.
Versuch B. 2. Mattkohle. Versuch B. 4. Streifenkohle.

führt selbst bei niedriger Belastung sofort zum Bruch des Körpers.

Der Elastizitätsmodul von drei Mattkohlekörpern mit deutlich erkennbarem Fließen errechnet sich zu 8300, 9100 und 12000 kg/cm^2. Dieser Wert liegt für etwa gleiche

Abb. 16. Restkörper von Streifenkohle nach Biegungsbeanspruchung. Versuch B. 6.

Mattkohle gegenüber dem bei reinem Druck von 44000 bis 45000 kg/cm^2[19] erheblich niedriger und bringt somit den Einfluß der vorhandenen Risse zum Ausdruck.

Abb. 17. Restkörper von Mattkohle nach Biegungsbeanspruchung. Versuch B. 7.

Da auch der Bruch immer von der gezogenen Seite ausging, kann die Biegungsfestigkeit größenmäßig der Zugfestigkeit gleichgesetzt werden.

4. Schneidenförmiger und punktähnlicher Druck.

Um die bei reinem Flächendruck zur Zerkleinerung nötigen Kräfte herabzusetzen, die zu starke Zertrümmerung der Kohle in viele Teilchen zu vermeiden und große und vor allem feste Restkörper zu erhalten, wurden nicht mehr die ganzen Flächen der Probekörper, sondern nur Teile davon durch schneidenförmig und punktähnlich einwirkende Druckkräfte beansprucht.

[18] F. Heise, Bergbau bei großer Teufe. Der Gebirgsdruck. In Herbig-Jüngst, Bergwirtschaftliches Handbuch S. 317.

[19] Siehe Zahlentafel 1.

a) Vorrichtung.

Als Vorrichtung dienten Schneiden von 4 mm Breite mit abgerundeten Kanten nach Abb. 18. In den Fällen I und II hatten diese Schneiden eine Länge von 25 mm, in den Fällen III und IV eine solche von 100 mm, so daß sie noch über die ganze Fläche des Probekörpers hinausragten. In den Fällen I und III standen jeweils zwei Schneiden sich genau gegenüber (siehe Abb. 19), und in den Fällen II und IV ruhten die Körper auf zwei 60 mm voneinander angeordneten Schneiden, während von oben in der Mitte eine gleiche Schneide drückte (siehe Abb. 20).

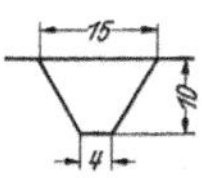

Abb. 18. Schneide.

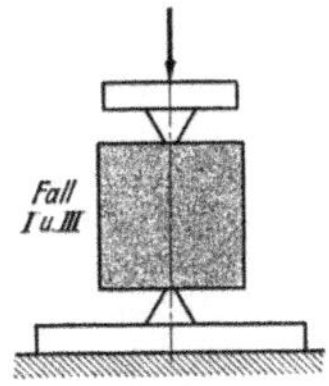

Abb. 19.

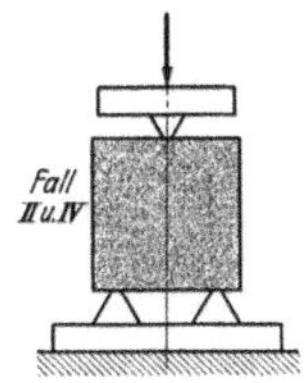

Abb. 20.

Druckbeanspruchung auf Schneiden.

Die Versuche wurden auf einer kleinen Druckpresse durchgeführt. Alle Würfel wurden zunächst nur einer einmaligen Belastung unterzogen; dabei wurde außer den Kräften, die zur Zerspaltung nötig waren, die Zahl der Restkörper ermittelt. Später wurden alle Restkörper, soweit sie für ein 70-mm-Rundlochsieb noch zu groß waren, nach Fall I weiter zerkleinert, bis alle Stücke restlos durch das 70-mm-Sieb gingen. Im Anschluß an diese Nachzerkleinerung wurden alle Stücke von 1,5 m Höhe auf einen harten Holzfußboden frei fallen gelassen, damit sich auch wirklich nur feste Reststücke ergaben.

Aus dem Gewichtsverlust der Stücke zwischen 25 bis 70 mm gegenüber dem Ausgangsgewicht der Würfel konnte der Anfall an der Körnung unter 25 mm bestimmt werden[20].

Außer den verschiedenen Drucklasten wurden auch noch die jeweils aufzuwendenden Kräfte ermittelt.

b) Vorgänge beim schneidenförmigen und punktähnlichen Druck.

Bei einer Belastung von 200—300 kg begannen die Körper zu knisten; bei stärkerer Belastung ging dieses Knistern wie beim Flächendruck schließlich in ein Knacken über. Die Körper waren, kurz bevor sie zu Bruch gingen, völlig ruhig, sie zerbarsten dann plötzlich unter lautem Krachen. Hierbei wurden die einzelnen kleineren Stücke mehrere Meter weit fortgeschleudert.

c) Ergebnisse.

Festigkeitseigenschaften. In Zahlentafel 4 und 5 sind die Versuchsergebnisse für Mattkohle und Streifenkohle getrennt nach den einzelnen Belastungsfällen zusammengestellt.

Die Bruchlast liegt bei reiner Mattkohle erheblich höher als bei Streifenkohle. Außer der auch bei den anderen Beanspruchungsarten gefundenen geringeren Festigkeit der Streifenkohle spielen die Risse und Einschlüsse eine starke Rolle. Bei Schichtung senkrecht zur Kraftrichtung sind wesentlich größere Kräfte aufzuwenden als bei gleichlaufender Kohleschichtung.

Von den vier in der Anordnung und Länge der Schneiden verschiedenen Fällen war die größte Drucklast im Falle III nötig. Durch Verkleinerung der beanspruchten Fläche unter Zuhilfenahme der Kerbwirkung an den Enden der Schneiden konnte die Belastung nach Fall I gegenüber Fall III auf 60 % gesenkt werden. Die erforderliche Drucklast ist in den Fällen II und IV praktisch gleich. Größenmäßig liegt sie etwas höher als im Falle I, aber immer noch erheblich niedriger als im Falle III.

Bei genau gegeneinander wirkenden Schneiden, die über den ganzen Körper reichen, muß die dazwischenliegende Kohleschicht einer spezifischen Flächenbelastung ausgesetzt werden, die etwas größer ist als bei reinem Flächendruck, um die Kohäsion der Kohle zu überwinden und den Bruch herbeizuführen. An den beiden Schneiden entlang wird eine Kerbwirkung erzeugt.

Verringert man die beanspruchten Flächen durch Verkleinerung der Schneiden, so ist eine kleinere Gesamtkraft, aber eine etwa doppelt so hohe spezifische Flächenbelastung aufzuwenden. Durch die stärkere Kerbwirkung wird die Kohle weniger zerdrückt als zersprengt.

Bei den versetzt angeordneten Schneiden tritt zusätzlich eine Überlagerung von Biegungs- und Scherbeanspruchungen im Kohlekörper auf. Sie wirken sich bei den Schneiden, die über den ganzen Körper reichen, auch im ganzen Körper aus. Die Kerbwirkung kommt hierbei fast gar nicht zur Geltung.

Bei den kurzen Schneiden wird dagegen nur ein kleiner Abschnitt des Körpers auf Biegung und Scherung beansprucht, während die Kerbwirkung größer ist. Die spezifische Flächenbeanspruchung der Kohle ist hierbei ungefähr 3,2mal so hoch wie bei den langen Schneiden.

Einfluß von Rissen und Einschlüssen. Diese Verhältnisse gelten nur für innerlich feste und gleichmäßige Stücke ohne wesentliche natürlichen Risse und Einschlüsse von Schwefelkies usw. Bei der versetzten Anordnung der Schneiden begünstigen die Risse die Zerkleinerung beträchtlich, weil die Trennflächen von der unteren Seite und den hier auftretenden Zugbeanspruchungen erzeugt werden.

Die Erscheinung ließ sich bei zwei Versuchskörpern mit Rissen deutlich nachweisen. Die Stücke zerbrachen bei versetzten Schneiden schon unter einer Belastung von 440 und 540 kg, die Restkörper bei nochmaliger Belastung mit gegeneinander wirkenden Schneiden erst bei 1100 und 1760 kg.

Zustand der Restkörper. Bei den genau gegeneinander wirkenden Schneiden blieben die Restkörper viel härter und fester als bei der versetzten Anordnung. Dies kommt daher, daß bei der erstbezeichneten Anordnung nur eine einzige Trennfläche beansprucht wird und die seitlich davon liegenden Kohleteile unberührt bleiben, während bei der anderen Anordnung alle Fasern des Kohlekörpers durch Druck, Zug, Biegungs- und Scherkräfte in Mitleidenschaft gezogen werden. Es ließ sich dadurch feststellen, daß die nach den Fällen I und III zersprengten Restkörper mit etwa der gleichen Kraft belastet werden mußten, bis sie zu Bruch gingen, während die nach den Fällen II und IV zerbrochenen Restkörper bereits bei wesentlich geringerer Belastung nochmals zerdrückt werden konnten.

Zahl der Restkörper, Einzeldrücke und Größe der aufgewendeten Kräfte. Zur Zerkleinerung von Würfeln aus Mattkohle sind gegenüber solchen aus Streifenkohle sowohl für das erste Spalten als auch für das weitere Brechen jeweils die doppelten Kräfte aufzuwenden (siehe Zahlentafel 6).

[20] Die Stücke unter 25 mm konnten wegen der Sprengwirkung beim Versuch nicht einwandfrei aufgefangen werden.

Mattkohlewürfel zerfallen bei einer einmaligen Beanspruchung in weniger Reststücke als solche aus Streifenkohle und müssen daher mehrmals nachzukleinert werden, um auf die Körnung unter 70 mm zu kommen. Im Verlauf dieser Nachzerkleinerung wird bei Mattkohle durch die größere Anzahl der notwendigen Einzeldrücke das Gefüge

Abb. 21. Versuch S. 1.

Abb. 22. Versuch S. 24.

Abb. 23. Versuch 28.

Abb. 21—23. Restkörper von Streifenkohle nach Druckbeanspruchung auf Schneiden.

Abb. 24. Restkörper von Mattkohle nach Druckbeanspruchung auf Schneiden. Versuch S. 25.

Bei den in den Abb. 22, 23 und 24 dargestellten Versuchen wurden die Körper mehrmals gedrückt.

doch stärker erschüttert, so daß schließlich mehr und kleinere Restkörper anfallen als bei Streifenkohle. Infolge der so bedingten größeren Zahl von Spaltflächen bildet sich aber ein höherer Prozentsatz an Feinkohle und Staub.

5. Gegenüberstellung der verschiedenen Beanspruchungen.

a) Festigkeitseigenschaften.

Die Druckfestigkeit der Kohle liegt etwa 10mal so hoch wie die Scherfestigkeit und etwa 20mal so hoch wie die Biegungsfestigkeit. Die Biegungsfestigkeit hängt in erster Linie von den auf Zug beanspruchten unteren Kohleschichten und den hier vorhandenen Rissen ab. Sie kann mit hinreichender Genauigkeit der Zugfestigkeit gleichgesetzt werden.

Bei den Teilflächendrücken lassen sich zwei Arten unterscheiden: erstens ein Zersprengen einer einzigen Kohlefläche mit zwei genau gegeneinander wirkenden punktähnlichen Schneiden unter Ausnutzung der Kerbwirkung, zweitens eine aus Druck-, Zug-, Biegungs-, Scher- und Kerbkräften zusammengesetzte Beanspruchung mit drei versetzt über den ganzen Körper wirkenden Schneiden.

Die Gesamtkraft zum Zerbrechen eines gleich großen Kohlewürfels beträgt je nach der Anordnung nur rd. $^1/_{50}$ bis $^1/_{40}$ der Kraft bei der reinen Flächenbeanspruchung.

b) Zustand der Restkörper.

Bei der reinen Flächendruckbeanspruchung bleibt etwa $^1/_3$ bis $^2/_3$ des Ausgangswürfels[21] als zusammenhängender oder einmal gespaltener Restkörper bestehen; der übrige Teil wird zu kleinen Stücken, Platten und Nadeln zerdrückt. Bei den Versuchen besaßen die Restkörper (siehe Abb. 25 und 26) größtenteils die auch bei Beton übliche Form der Einschnürung und waren teils fest und teils weich und brüchig[22].

Beim reinen Abscheren wurde die neben der Scherfläche liegende Kohle überhaupt nicht oder nur wenig beansprucht. Die Restkörper blieben hart und fest. Es entstand fast kein Staub, die Scherflächen (siehe Abb. 11 und 12) waren verhältnismäßig sauber und glatt.

Abb. 25. Mattkohle. Versuch 2.

Abb. 26. Streifenkohle. Versuch 3.

Bei reiner Biegung wiesen die Restkörper keine genaue Bruchlinie an der Stelle der größten Beanspruchung auf, vielmehr hatte der Bruch von feinen Haarrissen auf der gezogenen Seite seinen Ausgang genommen. Entsprechend unregelmäßig waren auch die Restkörper (siehe Abb. 16 und 17). Sie blieben zwar noch so weit fest, daß sie von Hand nicht zerbrochen werden konnten, hatten aber in den gezogenen Schichten gegenüber dem ursprünglichen Zustand an Festigkeit verloren.

---

[21] H. Bode, Druckfestigkeit von Kohle. Glückauf 69 (1933), S. 296/97.

[22] H. J. Hermisson, Zerkleinerungsmaschinen für Roh- und Trockenbraunkohle. Verfahrenstechnik VDI 1937, H. 3.

Die Restkörper, die von den gegeneinander wirkenden Schneiden erzeugt wurden (siehe Abb. 21, 22, 23 und 24), blieben fast unbeeinflußt und fest. Soweit sie von den versetzt angeordneten Schneiden gebildet wurden, war ihr inneres Gefüge geschwächt worden. Sie ließen sich mit viel kleineren Kräften weiter zerteilen als das Ausgangsstück, waren im übrigen aber noch so fest, daß sie Fallbeanspruchungen aushalten konnten.

c) Einfluß der Kohleschichten.

Die Kohle setzt bei einem Schichtungsverlauf gleichlaufend zur Richtung der einwirkenden Kraft einen weit geringeren Widerstand entgegen als bei einer senkrecht dazu liegenden Schicht.

d) Einfluß der Gefügezusammensetzung.

Bei fast reiner Mattkohle sind gegenüber Streifenkohle etwa die doppelten Kräfte zur Zerkleinerung aufzuwenden.

Hinsichtlich des Brechens ist Mattkohle als hart, fest und doch als zäh — Fließvorgang bei der Biegung —, Streifenkohle als weich, mürbe und brüchig zu bezeichnen.

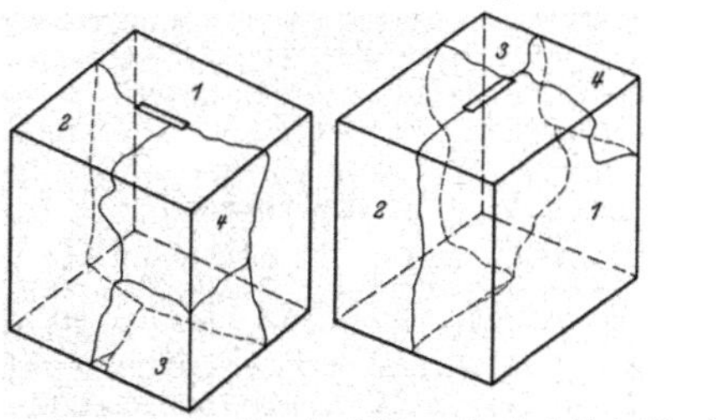

Abb. 27. Spaltungsverlauf an Versuchswürfeln aus Streifenkohle bei Druckbeanspruchung auf Schneiden.

Streifenkohle läßt sich leichter nach Trennflächen (siehe Abb. 27) zerlegen und mit kleineren Kräften brechen. Bei einer auf den Körper abgestimmten Zerkleiderung entsteht bei Streifenkohle etwa nur halb so viel Feinkohle und Staub wie bei Mattkohle.

e) Einfluß von Rissen und Einschlüssen.

Risse und Einschlüsse begünstigen die Zerkleinerung sehr. Besonders bei Zugbeanspruchungen in dem Kohlekörper machen die Risse sich bemerkbar. Bei der Zersprengung durch punktähnlichen oder schneidenförmigen Bruch werden Kohlekörper vielfach nach den vorhandenen Rissen und den Kohäsionsflächen der Einschlüsse aufgeteilt[23]. Risse und Einschlüsse treten bei reiner Mattkohle in geringerem Umfange auf als bei Streifenkohle. Ihr Einfluß überwiegt den der anderen bestimmenden Größen erheblich; dies ist bei den ganzen Ergebnissen mit Streifenkohle besonders zu berücksichtigen.

f) Elastizitätsmodul.

Der aus den Druckversuchen ermittelte Elastizitätsmodul von fast reinen Mattkohlekörpern beträgt 44000 bis 45000 kg/cm² [24]. Diese Werte sind von rund 100 kg/cm² an stetig und stimmten auch bei den einzelnen Versuchen gut überein.

Der Elastizitätsmodul von Körpern aus Streifenkohle liegt niedriger, und zwar zwischen 27000 und 37000 kg/cm². Der Unterschied ist in dem Anteil an Glanzkohle zu suchen. Weiterhin ist auch der Zustand des Körpers hierfür maßgebend.

Aus den Biegungsversuchen ergab sich für den Elastizitätsmodul ein Wert von 8300—12000 kg/cm² [25]. Daß er gegenüber den vorgenannten Zahlen viel kleiner ist, beruht vorwiegend auf dem Einfluß von Rissen in den gezogenen Schichten.

Abschnitt V.

Handschlagversuche an Würfel- und Stückkohlen.

Bei den im vorigen Abschnitt geschilderten Versuchen war die Kohle einer ruhenden und langsam anwachsenden Belastung unterzogen. Die nachfolgende Untersuchung soll zeigen, in welcher Weise sich die Kohle bei plötzlicher, schlagartiger Einwirkung spaltet, und welches Körnungsbild sich bei verschiedenen Arten von Schlagwerkzeugen ergibt.

1. Verwendete Kohle.

Es wurden unbearbeitete Würfel und Stücke der Kohle A I verwendet. Mit A I wird der etwa 80% betragende Anteil der Kohle A bezeichnet, der nach längerer Bahnbeförderung, nach Abladen und Umschaufeln der Kohle noch in der Körnung über 70 mm übrigblieb, wohingegen die weicheren Teile in kleinere Körnungen zertrümmert wurden. Es waren also die Körper mit natürlichen Rissen, schwachen Stellen und Schwefelkieseinschlüssen zuerst zersprungen und daher in der Kohle A I in geringerem Umfange vorhanden, während die Stücke aus reiner und fester Mattkohle angereichert waren[26].

Dadurch ist der Unterschied in der Festigkeit zwischen der Kohle E, die an sich härter als die Kohle A ist, gegenüber der Kohle A I so weitgehend verringert worden, daß er bei den Ergebnissen in diesem Abschnitt ganz vernachlässigt werden kann.

2. Vorrichtung und Durchführung des Schlages.

Die einzelnen Kohlestücke wurden in der mit einem Asbesthandschuh geschützten Hand, also federnd, gehalten und dann mit einem Hammer zerschlagen (siehe Abb. 28). Die Körper der Versuche 1—3 wurden mit einer Finne von 24×4 mm, die der Versuche 4—6 mit einer solchen von 30×0,5 mm und die Versuche 7—9 mit einem Schlag von 22×22 mm beansprucht.

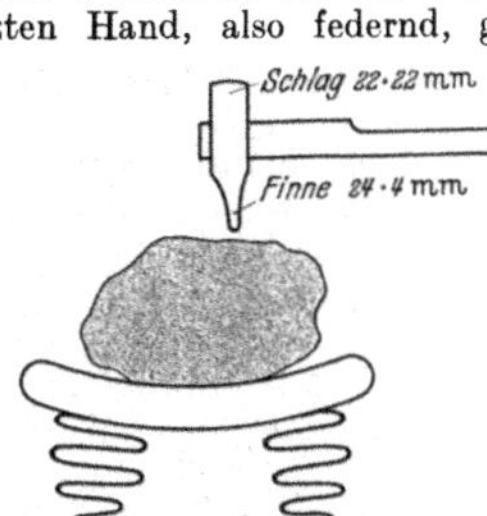

Abb. 28. Handzerschlagung.

Für jeden Versuch wurden aus der vorliegenden Kohle 6—8 Würfel in der Körnung 70—130 mm ohne Rücksicht auf die Härte und Beschaffenheit des einzelnen

[23] Schwartzkopff, Beitrag zur Klärung der Frage, wie die Asche nach Menge und Art im Kohlenstaub enthalten ist, und welche Wege gegeben sind, sie trockenmechanisch zu beseitigen. 15. Berichtfolge des Reichskohlenrates 1928.

[24] Stöck, Herrmann und Udluft, Gebirgsdruck und Plattenstatik, a. a. O. Z. Berg-, Hütt.- u. Saliennw. 82 (1934), H. 6.

[25] Siehe S. 6.

[26] H. Knaust, Einfluß der Förder- und Verladeanlagen auf die Feinkohlenbildung und Wege zu ihrer Verringerung. Glückauf 73 (1937), Nr 12. — K. Lehmann und E. Hoffmann, Kohlenaufbereitung nach petrographischen Gesichtspunkten. Glückauf 67 (19, 1), Nr 1. — B. Neumann und L. Kremser, Anreicherung der petrographischen Einzelbestandteile oberschlesischer Steinkohle. Glückauf 69 (1933), S. 674.

Körpers herausgegriffen. Das Gesamtgewicht dieser 6 bis 8 Körper betrug 5 kg.

Die Stücke 10 und 11 wurden zuerst mit möglichst großer Spannweite auf zwei abgerundete Kanten gelegt und in der Mitte durch Hammerschläge zerspalten. Die weitere Aufteilung der kleineren Restkörper bis unter 70 mm ging ebenso wie bei den ganzen Würfeln vor sich.

3. Ergebnisse.

Die Art des Schlagwerkzeugs beeinflußt das Körnungsbild in gewissem Umfange (siehe Zahlentafel 7). Eine Schneide von 4 mm Breite überträgt die Schlagwucht günstiger auf die Kohle als eine solche von 0,5 mm Breite. Die schmale Schneide übt eine zu große spezifische Flächenbeanspruchung auf die Kohle aus und verursacht so eine starke Absplitterung von kleineren Stücken. Aus Zahlentafel 7 geht hervor, daß der Kornanteil von 0—25 mm mit der Größe der Stücke zunimmt; dies ist in der höheren Zahl von Spaltflächen begründet.

Der Einfluß der Gefügezusammensetzung, der Lage der Schichtung zur Schlagrichtung, der Form des Stückes und der vorhandenen Risse tritt bei den großen Stücken mehr in Erscheinung als bei den bereits auf Würfelgröße vorzerkleinerten Körpern.

4. Vergleich mit den Ergebnissen der schneidenförmigen und punktähnlichen Beanspruchung.

Der aus den Versuchen 1—6 errechnete Mittelwert in Körnungsanfall von 0—25 mm in einer Größe von 6,45 % stimmt mit den Werten von 6,6 % für Mattkohle gut überein, die bei den Untersuchungen an den Prüfmaschinen ermittelt wurden.

Bei einer weitgehenden, auf den einzelnen Kohlekörper abgestimmten Zerkleinerung kann als Bestwert für ein Stück mit einem Gewicht von 600—700 g und mit einer Korngröße von 70—130 mm auf eine Sollkörnung von 25—70 mm ein Anfall von 93,5 % in dieser Kornklasse erreicht werden, der Rest von 6,5 % liegt unter 25 mm.

Abschnitt VI.

Zerkleinern durch erzwungene Eigenschwingungen der Kohle.

1. Grundgedanke und Anwendung.

Die ungleichmäßige Beschaffenheit und Bauart sehr großer Körper, die sich durch Risse, Einschlüsse von Fremdbestandteilen und durch mehr oder weniger ausgeprägte Schichtung kennzeichnet, läßt sich zur Zerkleinerung in der Weise mit ausnutzen, daß die einzelnen Stücke in Eigenerschütterungen von hoher Frequenz und kleiner Amplitude versetzt und dadurch zum Zerspringen gebracht werden.

Dieses Verfahren ist erstmalig von Edison zur Zerkleinerung großer Kalksteine und Marmorstücke auf einem Zweiwalzenbrecher angewandt worden[27]. Die Zahnwalzen hatten eine hohe Umlaufgeschwindigkeit und waren derart ausgebildet, daß die großen Stücke auf den Walzen sprangen und nicht eingezogen wurden. Die Zähne der Walzen brachten durch ihre schnelle Folge kleiner Schläge die Stücke so in Erschütterungen, bis sie auseinanderfielen. Die einzelnen kleineren Restkörper konnten dann von den Walzen leicht eingezogen werden.

2. Versuche mit Kohle und deren Ergebnisse[28].

Es wurden Kohlestücke von etwa 400 mm Kantenlänge und 25—30 kg Gewicht auf einem sehr schnell schwingenden Vibrationssieb in Eigenschwingung gebracht. Nach einer Versuchsdauer von etwa 10—20 Minuten zersprangen die Stücke plötzlich nach einer oder mehreren Spaltflächen. Während sich beim Tanzen der Kohle auf dem Sieb ein erheblicher Abrieb durch Abschleifen und Abrunden der Ecken und Kanten gebildet hatte, entstand bei dem eigentlichen Zerspalten fast kein Staub und auch nur eine geringe Anzahl kleinerer Körper.

Kohlenstücke von etwa 200 mm und weniger Kantenlänge ließen sich auf diese Weise nicht zerspalten, weil sie sich infolge ihres verhältnismäßig geringen Gewichts auf dem Vibrationssieb nicht genügend in Eigenschwingung bringen ließen. Sie folgten den einzelnen Stoßbewegungen des Siebes leicht und tanzten nur auf dem Sieb herum, wobei ebenfalls ihre Ecken und Kanten abgerundet wurden. Auch nach einer Dauer von 45—60 Minuten gelang es nicht, diese kleinen Körper soweit zu erschüttern, daß sie auseinanderbrachen.

3. Folgerungen.

Die Zerkleinerung von Kohle durch Erzeugung von Eigenschwingungen bietet gegenüber dem Aufspalten durch einen punktähnlichen Druck, der schlagartig vor sich geht, keine Vorteile. Bei den in Betracht kommenden Stückgrößen dauert der Zerkleinerungsvorgang zu lange. Durch die Schlagwerkzeuge, die die Schwingungen hervorrufen müssen, wird ein zu hoher Anteil an Abrieb und feiner Körnung erzeugt. Dadurch wird der Vorzug des staubarmen Aufspaltens aufgewogen.

Abschnitt VII.

Prüfung der Zerkleinerungsvorgänge bei den gebräuchlichen Brechern.

Hauptgesichtspunkte für die Beurteilung.

Aus den bisherigen Versuchen und Überlegungen hat[29] sich ergeben, daß die Kohle sich sehr unterschiedlich gegenüber den einzelnen Beanspruchungsarten verhält, und daß ein Kohlekörper mit würfelähnlicher Form am zweckmäßigsten durch einen schlagartigen punktähnlichen Druck zersprengt wird.

Die marktgängigen Brecher lassen schon bei oberflächlicher Betrachtung erkennen, daß sie in ihrem Grundziel und ihrer Arbeitsweise stark voneinander abweichen.

Es soll daher der Ablauf der Zerkleinerung in diesen Maschinen näher untersucht und kritisch nachgeprüft werden. Vor allem ist festzustellen, welche von allen diesen Maschinen in ihrem Brechvorgang der idealen Zerkleinerung am nächsten kommen. Betriebsmäßige Versuche sollen dann das Ergebnis dieser Betrachtungen beweisen.

---

[27] Mittag, Beobachtungen und Untersuchungen von Zerkleinerungsvorgängen in der Praxis. Verfahrenstechnik VDI 1937, H. 1.

[28] Die Versuche fanden in der Versuchsstation für Hartzerkleinerung der Krupp-Gruson-A.-G., Magdeburg, statt. Ich möchte Herrn Direktor Mittag für seine freundliche Unterstützung und wertvollen Anregungen auch bei den Versuchen mit den verschiedenen Brechern bestens danken.

[29] Fr. Herbst und L. Kühlwein, Notwendigkeit und Zielsetzung der Steinkohlenaufbereitungsforschung. Glückauf 70 (1934), S. 998.

Außer dem Körnungsanfall, der in erster Linie für die Beurteilung der Güte eines Brechers ausschlaggebend ist, sind dafür noch die Durchsatzleistung und das Einziehvermögen mitbestimmend.

Es wurden nachfolgende Brecherarten einer Prüfung und kritischen Würdigung unterzogen:

1. Backenbrecher;
2. Kegelbrecher;
3. Symonskegelbrecher;
4. Hammerbrecher;
5. Nadelbrecher;
6. Zahn- und Stachelwalzenbrecher.

1. Backenbrecher.

Diese Brecherart ist für die Zerkleinerung von Hartgestein, Eisenerzen und ähnlichen Hartstoffen entwickelt worden, worauf auch die schwere Bauweise hindeutet. Grundsätzlich sind zwei Backenbrecherbauarten zu unterscheiden[30], nämlich der Einkniehebelbackenbrecher und der Backenbrecher mit Doppelkniehebelsystem. Der Brechvorgang ist bei beiden so unterschiedlich, daß jede Maschine für sich behandelt werden muß[31].

Backenbrecher mit Einkniehebel.

a) Arbeitsweise des Einkniehebelbrechers.

Bei dem Einschwingenbrecher (Abb. 29) ist die bewegliche Brechbacke fest mit der Schwinge verbunden; sie macht also mit dem exzentrischen Antrieb der Schwinge deren Kurvenbewegung mit. Die Zerkleinerung wird in dem keilförmigen Brechraum durch den Brechdruck bei Annäherung der Schwingbacke an die feststehende Brechbacke bewirkt. Die bewegliche Backe übt beim Abwärtsschwingen eine reibende Kraft aus. Diese Bewegung fördert den Durchgang des gebrochenen Gutes durch den Brechraum zum Austrittsspalt, wirkt aber gleichzeitig stark mahlend auf das Gut.

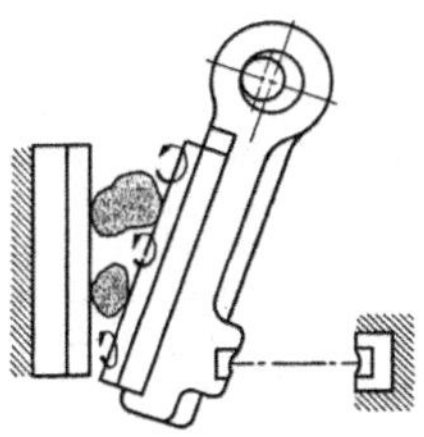

Abb. 29. Backenbrecher mit einem Kniehebel.

b) Beanspruchungsarten.

Die Kohle wird von den Schneiden der mit Rippen ausgerüsteten Brechbacken auf schneidenförmigen Druck und von den Flanken dieser Rippen auf Flächendruck beansprucht. Durch die Verengung des Brechraums beim Schließen der Brechbacken werden die einzelnen Kohlekörper untereinander gequetscht. Beim Abwärtsbewegen verursacht die Schwingbacke eine mahlende Wirkung auf die Kohle. Diese Beanspruchungen gehen infolge der schnellen Bewegung der schwingenden Brechbacke schlagartig vor sich.

c) Kritik der Beanspruchungen.

Die an sich günstige Zerkleinerung durch schlagartigen schneidenförmigen Druck wird überdeckt von starkem Flächendruck und gegenseitiger Quetschung der einzelnen Kohlekörper. Der mahlende Einfluß der Brechbacke führt zu einer unnötig starken Zerdrückung der Kohle und läßt einen erheblichen Anfall an Feinkohle entstehen. Er ist am größten in der Nähe des Austrittsspalts, also da, wo die Kohle bereits genügend zerkleinert ist. Dadurch, daß die Kohle zu lange — über mehrere Arbeitshübe — im Brechraum verweilt, entsteht ebenfalls eine nicht erwünschte Feinzerkleinerung.

Leider ließ sich mit den zur Verfügung stehenden Einkniehebelbrechern kein Brechversuch vornehmen, weil sie alle als Nachbrecher gebaut waren und eine zu geringe Maulweite und zu kleine Spaltöffnungen hatten.

Backenbrecher mit Doppelkniehebel.

a) Arbeitsweise.

Bei diesem Brecher führt die bewegliche Brechbacke um einen oberen Drehpunkt eine Pendelbewegung aus (siehe Abb. 30).

Der Hub ist also im engsten Spalt am größten. Das in dem Brechraum aufgegebene Gut wird wie beim Einkniehebelbrecher beim Annähern der beweglichen Brechbacke an die feststehende Brechwand zerkleinert. Auch hier geht der eigentliche Brechdruck schlagartig vor sich.

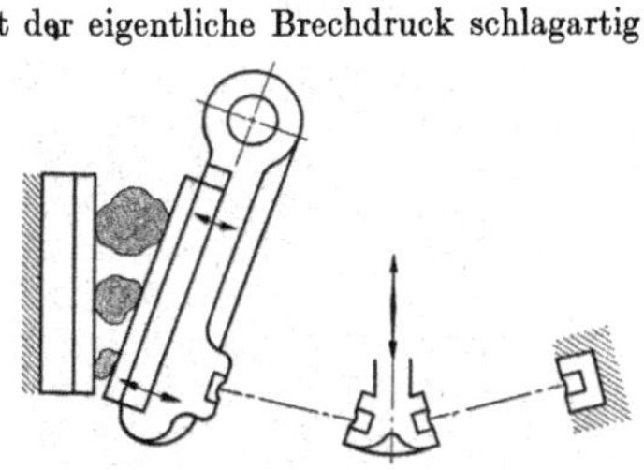

Abb. 30. Backenbrecher mit Doppelkniehebel.

Die Kohle rutscht je nach dem Grad ihrer Aufteilung weiter nach unten und unterliegt den Arbeitshüben so lange, bis die einzelnen Stücke hinreichend zerkleinert sind und durch den Austrittsspalt fallen.

In der Öffnungsstellung der Brechbacke sind der Austrittsspalt und das Maß des Hubes weiter als in der Schließstellung, so daß auch größere Körnungen, als sie der eigentlichen Spalteinstellung entsprechen, den Brechraum verlassen können.

b) Beanspruchungsarten.

Die großen Stücke werden in dem oberen Teile des Brechraums bei einem geringen Ausschlag der pendelnden Brechbacke schlagartig durch schneidenförmigen Druck einer Mehrzahl von Zahnflanken angeknackt. Bei der weiteren Aufteilung der vorzerkleinerten Stücke wird die Zerspaltung noch von einem Quetschen der Kohlekörper verschiedener Größe, die sich teilweise im Brechraum durch Brückenbildung gegenseitig festhalten, überlagert. Die von oben nachdrückende Kohle verstärkt diese Wirkung. In der Nähe des Austrittsspalts wird auf die kleineren Stücke noch zusätzlich ein Flächendruck von den Flanken der Brechrippen ausgeübt. Der größere Winkelausschlag der Schwingbacke verursacht eine kräftige Durchschüttelung der kleineren Kohlekörper.

c) Kritik der Beanspruchungen.

Die schlagartige Zertrümmerung der Kohle mit schneidenförmigen, meist noch gegeneinander versetzen Angriffs-

[30] Der Vollständigkeit halber sei noch auf einen Backenbrecher mit zwei beweglichen Brechbacken hingewiesen, der in seinem Brechvorgang dem des Backenbrechers mit Doppelkniehebel ähnelt, jedoch mit einer mehr schneidenden Wirkung. Backenbrecher mit zwei beweglichen Brechbacken werden in Deutschland nur noch von einer Firma hergestellt.

[31] Untersuchung von Backensteinbrechern. Z. VDI 78 (1934), S. 243/44.

stellen ergibt eine günstige Zerkleinerung, weil auch Scherspannungen mitwirken. Biegungsbeanspruchungen treten auch am Anfang in den großen Stücken nicht auf, weil hier der Abstand der Angriffspunkte im Verhältnis zur Stückgröße zu klein ist.

Die hin- und hergehende Arbeitsweise der Brechbacken hält jedoch die Kohle zu lange im Brechraum, so daß sich die einzelnen Kohlekörper gegenseitig quetschen. Dabei können vor allem die kleinen Stücke, die bei der ersten Zerspaltung entstanden sind und bereits die richtige Sollgröße besitzen, nicht schnell genug durch den engsten Spalt aus dem Brechraum herausfallen; sie werden daher zwischen den größeren Stücken zu Feinkohle zerdrückt.

Diese Erscheinung tritt um so stärker auf, je mehr Kohle im Backenbrecher zerkleinert werden soll. Der Wechsel in der Breite des Austrittsspalts führt dazu, daß im Backenbrecher ein Anteil von 20—35 % des Durchgangs als Überkorn entsteht. Will man das Körnungsband bewußt eng halten, so muß der Austrittsspalt kleiner gestellt werden, als es dem Sollkorn entspricht; außerdem ist der Hub zu verringern. Hierdurch wird die ganze Kornverteilung mehr nach der Seite des Feinen verschoben. Die Anteile, die vorher als Überkorn auftraten, liegen jetzt innerhalb des oberen Sollkornbereichs.

Für einen Backenbrecher ist diese Maßnahme jedoch wenig zu empfehlen, weil mit dem Verengen des Austrittsspalts und mit dem Verkleinern des Hubes leicht eine Stauung im Brechraum eintritt, wodurch die Kohle unnötig gequetscht und zerdrückt wird. Auch bleiben hierbei die einzelnen Nußkörner nicht fest genug erhalten.

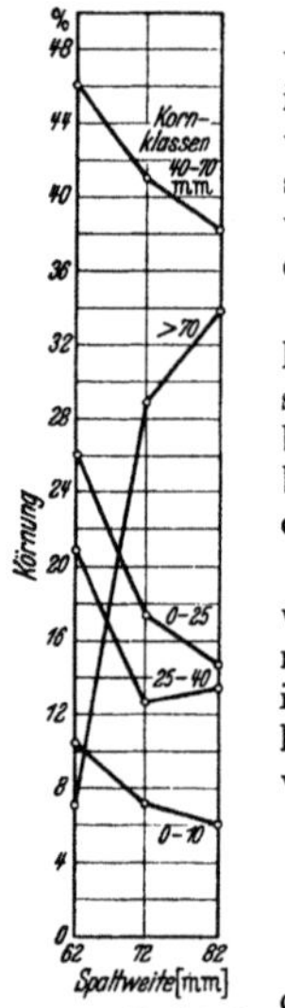

Abb. 31. Einfluß der Spaltweite auf die Kornverteilung bei einem Backenbrecher. Mittelharte Kohle „AI" mit starker Mattkohlenanreicherung. Aufgabekörnung 70—130 mm mit vorwiegend 70—100 mm.

Die von oben nachdrückende Kohle verhindert, daß sich die einzelnen Stücke im unteren Teile des Brechraums frei bewegen können; sie sind somit nicht imstande, einem zu harten Schlag auszuweichen und der Flächendruckbeanspruchung hinreichend nachzugeben.

Es ist auch für das Kornklassenverhältnis bei der Zerkleinerung nicht günstig, daß die Kohle über mehrere Arbeitshübe im Brechraum gehalten wird, bis sie klein genug ist und frei durch den Austrittsspalt fallen kann.

Diese hin- und hergehende Arbeitsweise des Backenbrechers in Verbindung mit dem längeren Verweilen der Kohle im Brechraum bewirkt, daß die stündliche Durchsatzleistung der Maschinen verhältnismäßig gering ist.

d) Beweis durch Versuch.

Mit einem Doppelkniehebelbrecher, der als Vorbrecher eingestellt war, wurden Versuche mit der Kohle A I durchgeführt. Die Hauptkennzeichen des Brechers[32] waren:

Maulweite . . .	500 × 320 mm
Hubzahl	200 je min
Hub	18 mm

Es zeigte sich, daß ein Backenbrecher bei einem weiten Spalt einen großen Anteil an Überkorn bei verhältnismäßig niedrigen Feinkornanteilen ergibt, und daß die Verringerung dieses Überkorns durch eine engere Spaltstellung zu einer starken Vermehrung des Feinkohlenanteils führt (siehe Abb. 31). Die Durchsatzleistung betrug hierbei 15,5 t/h.

In Abb. 32 sind die Ergebnisse zweier Versuche bei gleicher sehr weiter Spaltstellung gegenübergestellt, wobei einmal eine Aufgabekohle von 70—130 mm und das andere Mal eine Stückkohle von 300 × 400 × 550 mm verwendet wurde. Deutlich ist zu erkennen, wie der Feinkohlenanteil auf

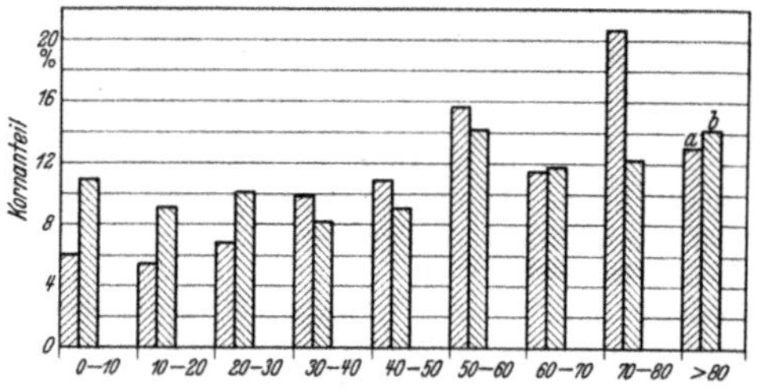

Abb. 32. Einfluß verschiedener Aufgabekörnung auf die Kornverteilung bei einem Backenbrecher. Mittelharte Kohle „A I" mit starker Mattkohlenanreicherung. Aufgabekörnung bei Versuch a = 70—130 mm mit vorwiegend 70—100 mm, bei Versuch b = 300 × 400 × 500 mm. Durchsetzleistung bei a = 20,4 t/h, bei b = 12,8 t/h.

Kosten des Überkorns bei größerer Aufgabekörnung zunimmt, während die Sollkornklassen hierdurch kaum beeinflußt werden.

Besondere Verwendung des Backenbrechers.

In der Praxis verwendet man den Backenbrecher häufig zum Brechen von stark verwachsener Kohle. Durch die schlagartige Wirkung des Brechdrucks spaltet sich die Kohle vielfach nach den Haftschichten zwischen Reinkohle und Bergen. Die Berge werden dann im weiteren Verlauf des Brechvorgangs weniger stark als die Kohle zerkleinert, weil sie härter als die Kohlenstücke sind.

Aus diesem Grunde wird im Backenbrecher stets ein größerer Anteil an feinkörniger Kohle gewonnen als an härteren Bergen.

2. Kegelbrecher.

Nach ähnlichen Gesichtspunkten wie die Backenbrecher sind die Kegelbrecher aufgebaut. Sie werden auch als Rund- oder Kreiselbrecher bezeichnet (siehe Abb. 33). Der Brechraum ist bei ihnen ringförmig ausgebildet; der Brechkegel pendelt darin infolge eines Exzenterantriebs kreisförmig ohne Drehbewegung.

Damit ist aus der hin- und hergehenden Bewegung des Backenbrechers ein ununterbrochener Arbeitsgang unter Vermeidung eines Leerhubs entwickelt worden. Der Brechvorgang unterscheidet sich im übrigen kaum von dem eines Doppelkniehebelbackenbrechers. Beim Kegelbrecher ist der Arbeitsraum größer als beim Beckenbrecher. Dadurch und infolge des Wegfalls von Leerarbeit vermag ein Rundbrecher das Mehrfache eines Backenbrechers von gleicher Maulweite zu leisten. Das Anwendungsgebiet beschränkt sich zumeist auf die Hartzerkleinerung in der Erzaufbereitung und Steinindustrie.

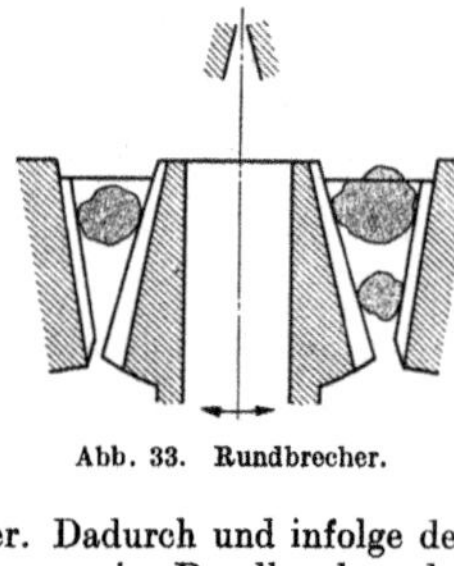

Abb. 33. Rundbrecher.

[32] Die Versuche fanden in der Versuchsstation für Hartzerkleinerung der Krupp-Gruson A.-G., Magdeburg, statt.

3. Symonskegelbrecher.

a) Grundzüge des Arbeitsvorgangs.

Der Symonskegelbrecher stellt eine Weiterentwicklung des Kreiselbrechers dar[33] (siehe Abb. 34). Der ringförmige Brechraum ist nach unten auseinandergezogen, so daß der Umfang des äußeren Brechmantels im Gegensatz zu den normalen Kegelbrechern nach dem engsten Spalt zunimmt. Dementsprechend verbreitert sich auch der Brechkegel, um so einen nach unten enger werdenden keilförmigen Brechraum zu schaffen.

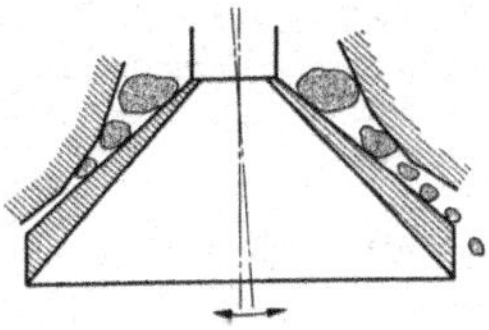

Abb. 34. Symonskegelbrecher.

Die Oberfläche des Brechkegels und des Brechmantels besitzt keinerlei Zahnrippen, ist also vollkommen glatt. Der Brechkegel führt eine kreisende Hubbewegung gegen den äußeren Mantel aus, ohne daß eine Drehung stattfindet. Hubbewegung und Hubfolge sind größer als bei einem gewöhnlichen Kegelbrecher; der größte Hub herrscht an der Stelle des engsten Spalts.

b) Arbeitsweise und Beanspruchungsarten.

Die Kohle wird durch die kräftige Pendelbewegung des Brechkegels schlagartig durch Flächendruckbeanspruchung zersprengt. Der Brechmantel ist glockenförmig nach unten auseinandergezogen. Hierdurch und durch die schnelle Hubfolge wird die Kohle im Brechraum leicht beweglich gehalten. Sie kann sich somit gut ausbreiten. Eine gegenseitige Druckbeeinflussung einzelner Kohlekörper tritt nur in geringem Ausmaß auf, weil die Kohle im Augenblick des Schlages etwas ausweichen kann. Hierzu trägt auch die Vergrößerung des Kreisringquerschnitts des Brechraums bei (siehe Abb. 34), durch den die nach dem Austrittsspalt zu eintretende Verengung des Spaltes teilweise ausgeglichen wird.

Bei ihrem Durchgang durch den Brechraum werden die einzelnen Kohlestücke mehrfach angeschlagen und besonders in der Höhe des Austrittsspalts durch die da fast parallele Führung zwischen Brechwand und Brechkegel eine Zeitlang einzelnen Drücken ausgesetzt.

c) Kritik der Beanspruchungen.

Es treten reine Flächendrücke, also für die Kohle ungünstige Beanspruchungen auf. Sie werden jedoch stark durch die schnelle, schlagartige Einwirkung auf die Kohle gemildert. Die glatte Oberfläche von Brechmantel und Brechkegel ermöglicht es, daß die einzelnen zerkleinerten Kohlekörper sich bequem ausbreiten. Sie verhindert so, daß die Stücke sich gegenseitig zerdrücken und verformen.

Der Umstand, daß die Wände des Brechraums vor dem Austrittsspalt noch eine gewisse Strecke parallel verlaufen, bedingt eine zusätzliche Beanspruchung des Brechguts. Dies ist zur Erzielung kubischer Körper in der Steinindustrie angebracht, aber für die Zerkleinerung von Kohle nicht sehr zweckmäßig und hat einen verhältnismäßig hohen Anfall an Feinkohle zur Folge.

d) Beweis durch Versuch.

Die Versuche wurden an einem Symonsbrecher Nr. 3[34] mit verschiedenen Spaltweiten durchgeführt. Der Brecher war als Grobbrecher ohne Streuteller eingerichtet. Er hatte eine Drehzahl von 320 in der Minute und einen Hub von 50 mm. Die Körnungsergebnisse glichen denen eines Backenbrechers bei derselben aufgegebenen Kohle A I (siehe Abb. 35). Besonders stark trat der steile Anstieg der Körnung über 70 mm mit breiterem Spalt in Erscheinung. Wie sich die parallele Zone vor dem Austrittsspalt auswirkt, läßt sich aus folgender Tatsache ersehen. Bei einer Spaltweite von 54 mmund einem Hub von 50 mm, also bei einer größten Austrittsweite von insgesamt 104 mm, die nicht durch Zahnrippen eingeengt ist, entstand im Symonsbrecher ein geringerer Kornanteil über 70 mm als bei einem Backenbrecher von 72 mm Spaltweite und 18 mm Hub, also bei einer größten Austrittsweite von 90 mm, obwohl bei dem letzteren die Zahnflanken den Spalt noch stark einengten.

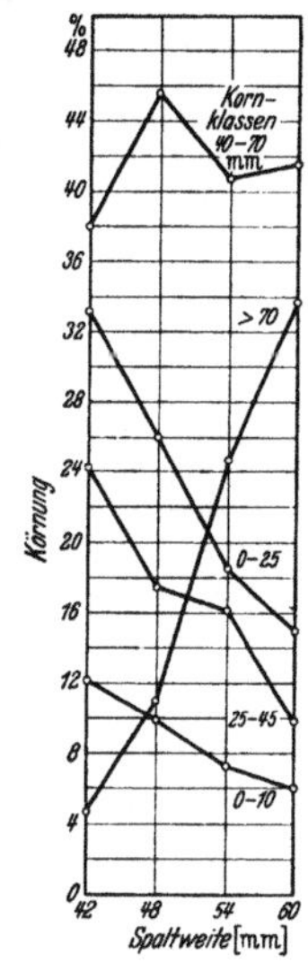

Abb. 35. Einfluß der Spaltweite auf die Kornverteilung bei einem Symonsbrecher. Kohle und Aufgabekörnung wie bei Abb. 31.

Die einzelnen gebrochenen Kohlestücke blieben beim Symonsbrecher fest und hart und unterschieden sich auch in ihrer äußeren Form nicht merklich von den in anderen Brechern zerkleinerten Kohlekörpern.

Die Durchsatzleistung betrug je nach Spaltweite rund 60—90 t/h; sie liegt damit erheblich höher als die eines Backenbrechers gleicher Maulweite.

4. Hammerbrecher.

In ganz anderer Weise als bei den bisher geschilderten Maschinen geht die Zerkleinerung in einem Hammerbrecher vor sich.

Grundgedanke: Das Gut wird hierbei durch schlagartige Zerspaltung mit umlaufenden Hämmern zerkleinert, die gelenkig an einzelnen Schlagarmen oder einem Drehkörper angebracht sind. Man unterscheidet Hammerbrecher mit einfachem Schlagwerk und solche mit doppeltem Schlagwerk (siehe Abb. 36 und 37). Beide Arten weichen in ihrem Brechvorgang merklich voneinander ab; sie sollen daher auch gesondert behandelt werden.

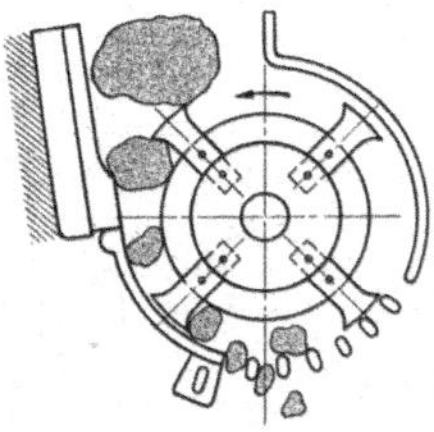

Abb. 36. Hammerbrecher mit einem Schlagwerk.

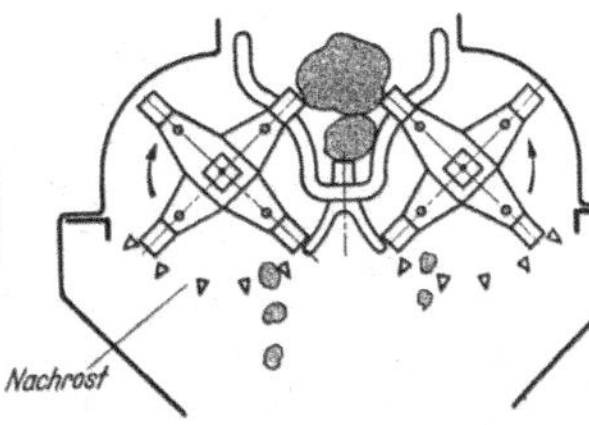

Abb. 37. Hammerbrecher mit doppelseitigem Schlagwerk (Titanbrecher). (Nachrost beim Versuch entfernt.)

Hammerbrecher mit einfachem Schlagwerk.

a) Arbeitsweise und Beanspruchungsarten.

Die Kohle wird von oben in den Brechraum aufgegeben, der von den umlaufenden Hämmern und einer feststehenden Brechwand begrenzt wird und so ausgebildet

[33] K. Meister, Symons-Kegel-Granulator. Z. VDI 82 (1938), S. 1115. — Werbeschriften von Krupp-Gruson A.-G., Magdeburg.

[34] Die Versuche fanden in der Versuchsstation für Hartzerkleinerung der Krupp-Grusonwerke A.-G., Magdeburg, statt. Herrn Dipl.-Ing. Smits möchte ich für die freundliche Unterstützung hierbei bestens danken.

ist, daß ein keilförmiger Einzug der Kohle stattfinden kann. Meist ist auch im unteren Brecherteil ein Siebrost mit senkrecht zur Hammerbahn liegenden Roststäben angeordnet (siehe Abb. 36). Bei manchen Bauarten verzichtet man auf den unteren Nachrost und verlängert dafür die Brechwand nach unten durch ein Kreisbogenstück in Richtung der Hammerbahn.

Hierdurch wird der Brechvorgang derartig unterteilt, daß die Kohle zuerst im Brechraum von den umlaufenden Hämmern schlagartig getroffen und dann kräftig gegen die Brechwand geschleudert wird.

Besitzt der Brecher weder einen Nachrost noch eine Kreisbogenplatte, so fällt die Kohle nach einmaliger Zerkleinerung unmittelbar nach unten aus dem Brechraum. Ist ein Nachrost vorhanden, so werden die noch zu großen Kohlestücke von den Roststäben aufgehalten und von den umlaufenden Hämmern so lange schlagartig vorwärts und seitwärts geschleudert und erschüttert, bis sie genügend zerkleinert ist, um zwischen den Roststäben hindurchfallen zu können. In ähnlicher Weise wird die Kohle auf der Kreisbogenplatte nachzerkleinert.

b) Beanspruchungsarten.

Je nach Größe und Bauart der Hämmer erhält die Kohle schlagartig reinen Flächendruck, schneidenförmigen oder punktähnlichen Druck. Hierzu treten noch Scher- und Biegungskräfte, wenn die Kohle auf den Zahnleisten der Brechwand aufliegt und von den Hämmern getroffen wird.

c) Kritik der Beanspruchungen.

Bei den Brecherausführungen mit Nachrost oder Kreisbogenplatte kann ein weicher und federnder Schlag angewendet werden, da ja die Kohle so lange Schlagbeanspruchungen ausgesetzt wird, bis sie genügend zerkleinert ist[35].

Bei richtiger Wahl der Hammerform ist die Hauptzerkleinerungseinwirkung — schlagartiger schneidenförmiger Druck — eine zweckmäßige Art des Brechens. Die Wirkung an der Brechwand — schneidenförmiger Druck mit einer abschleifenden Wirkung, die von Biegungs- und Scherbeanspruchungen überlagert wird — ist weniger günstig; denn die mehrfache Nachzerkleinerung auf den Roststäben führt zu einer hohen Feinkohlenbildung.

Von ausschlaggebender Bedeutung ist jedoch die Umlaufgeschwindigkeit der Hämmer. Die Druck- und Schlagkraft muß der Körnung und Beschaffenheit der aufgegebenen Kohle angepaßt sein, um gerade die erwünschte Grobspaltung, aber keine unnötige Zertrümmerung der Kohle zu erhalten.

Dies geht eindeutig daraus hervor, daß die gleiche Maschinenart nur mit verschiedener Umlaufgeschwindigkeit der Hämmer auch zum Feinzerkleinern verwendet wird.

Die verlangte Abstimmung der Schlagwucht auf die Aufgabekörnung bedingt aber anderseits eine Begrenzung und Angleichung der einzelnen Aufgabestücke und auch des Zerkleinerungsgrads, da der Hammer ja nicht gleich gut die am Anfang großen Stücke und die am Ende kleineren Sollkörner aufspaltet.

Bei zu heftigem und hartem Schlag wird die Kohle in viele kleine Teile zertrümmert; es tritt also die Wirkung der Hammermühle ein. Ist dagegen der Schlag zu weich, so werden nur die vorstehenden Kanten der Stücke abgeschlagen; dabei wird der ganze Körper durch die vielen zur Zerkleinerung notwendigen Schläge in seinem ganzen Gefüge so stark erschüttert, daß die einzelnen Reststücke nicht mehr genügend fest bleiben, sondern bei der nächsten weiteren Beanspruchung zerfallen.

Es war nicht möglich, einen Hammerbrecher der beschriebenen Bauart für einen Versuch mit Kohle zu erhalten, weil in Deutschland diese Maschinen durchweg nur zur Feinzerkleinerung oder Vorzerkleinerung für die Erzeugung von Kohlenstaub gebaut werden.

Hammerbrecher mit doppeltem Schlagwerk.

Diese Maschinenart, bekannt unter dem Namen „Titanbrecher“, ist im Gegensatz zu den reinen Hammermühlen im wesentlichen zur Zerkleinerung von Kalkstein und Salzen entwickelt worden und besitzt daher eine entsprechend schwere und kräftige Ausführung, was bei der Abwägung der Ergebnisse mit Kohle zu berücksichtigen ist.

a) Grundgedanke.

Bei der Einstellung als Grobbrecher spielt sich die ganze Zerkleinerung im Inneren des Rostkorbs ab (siehe Abb. 37). Die Schlägerwellen zu beiden Seiten des Rostkorbs sind so angeordnet, daß die Hämmer etwa $1/4$ bis $1/5$ ihres Umlaufs zwischen den Roststäben zurücklegen und dabei ein wenig in den Rostkorb hineingreifen. Die einzelnen Hämmer sind versetzt angeordnet, so daß auf ein Kohlestück gleichzeitig nur ein Schlag trifft. Die genügend zerkleinerte Kohle fällt nach unten zwischen den Roststäben hindurch[36].

b) Beanspruchungsarten und Brechvorgang.

Die Kohle wird beim Anliegen an den Roststäben von dem Hammer mit einem schnellen federnden Schlage getroffen. Hierbei tritt je nach Lage und Form des Körpers reiner Flächendruck oder mehr schneidenförmiger Druck auf, während gleichzeitig der Hammer versucht, den mittleren Teil des Kohlestücks schlagartig durch die Roststäbe abzuscheren.

Ist der Kohlekörper sehr groß und hart, so daß der erste Schlag nicht zur Zertrümmerung ausreicht, so weicht der Hammer federnd aus, wobei die Kohle einer Abschleif- und Mahlwirkung unterliegt. Hierdurch erhält der Kohlekörper einen Stoß nach den gegenüberliegenden Roststäben und verändert seine Lage; er gelangt dabei in die Laufbahn des gegenüberliegenden Hammers.

War dagegen der Hammerschlag zur Zerkleinerung des Kohlestücks stark genug, so werden die Restkörper durch die schlagartige Zerspaltung kräftig durchgeschüttelt und nach allen Richtungen im Rostkorb gestoßen.

c) Kritik der Beanspruchungen.

Ebenso wie beim Hammerbrecher mit einfacher Schlägerbahn ist beim Hammerbrecher mit doppeltem Schlagwerk die Größe der Schlagwucht, also Masse und Umlaufgeschwindigkeit der Hämmer, von ausschlaggebender Bedeutung.

Bei dieser Bauart tritt die Beanspruchung auf Abscheren mehr hervor als die auf reinen Flächendruck, wenn man voraussetzt, daß Hämmer und Roststäbe die entsprechende Form für die Zerkleinerung von Kohle haben.

Durch das Zusammenwirken der beiden Hammerbahnen entfällt das Bestreben der Brechwand, die Kohle zu zerreiben und zu zermahlen. Die freie Bewegung der einzelnen

[35] Collins und Statham, Coal Breaking Practice. Colliery Engng. 1937, I—VII, S. 292f.

[36] Werbeschriften der Mühlenbau- und Industrie-A.-G., Braunschweig.

Kohlekörper im Rostkorb ist günstig, während bei ganz aufgefülltem Rostkorb den Kohlenstücken die Möglichkeit entzogen wird, den Hammerschlägen nach rückwärts und seitwärts auszuweichen; die Kohlestücke werden vielmehr zu hart und voll getroffen, wobei zu viel Feinkorn entsteht. Hierdurch wird die Durchsatzleistung des Brechers bestimmt.

Wie bei einem Hammerbrecher mit einer Hammerbahn darf auch hier der Unterschied in der Aufgabestückgröße und der Festigkeit der Kohle nicht sehr groß sein. Ebenso muß man den Zerkleinerungsgrad niedrig halten, um ein günstiges Körnungsergebnis zu erzielen.

d) Beweis durch Versuch.

Der Titanbrecher[37], der zur Verfügung stand, war zur Vorzerkleinerung von Kalkstein bis etwa 600—800 mm

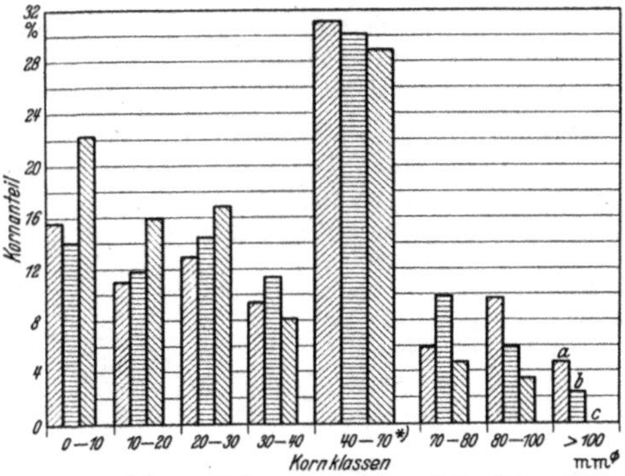

Abb. 38. Einfluß verschiedener Drehzahlen auf die Kornverteilung bei einem Hammerbrecher „Titan". Mittelharte Kohle, „A I" mit starker Mattkohlenanreicherung. Aufgabekörnung: Stücke bis etwa 250×450×550 mm und 5 ÷ 8 ÷ 26 kg. Drehzahl bei Versuch $a = 90$ U/min; $b = 126$ U/min; $c = 174$ U/min.

*) Die Kornklassen 40—50 mm, 50—60 mm, 60—70 mm konnten nicht gesondert abgesiebt werden.

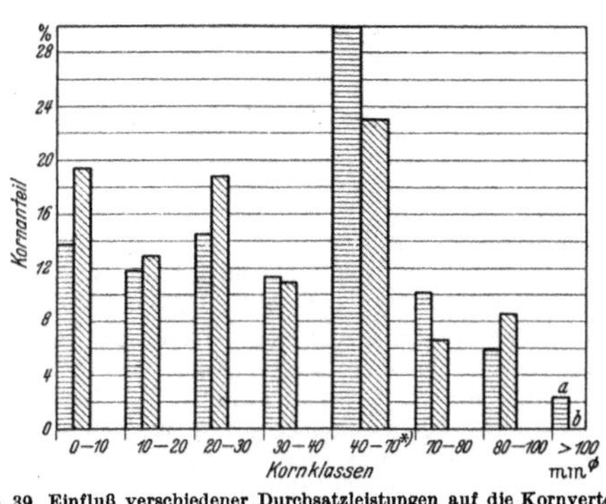

Abb. 39. Einfluß verschiedener Durchsatzleistungen auf die Kornverteilung bei einem Hammerbrecher „Titan". Kohle und Aufgabekörnung wie bei Abb. 38. Drehzahl = 126 U/min. Durchsatzleistung bei Versuch $a = 30$ t/h, $b = 66$ t/h.

*) Die Kornklassen 40—50 mm, 50—60 mm, 60—70 mm konnten nicht gesondert abgesiebt werden.

Aufgabestückgröße gebaut worden. Bei den Versuchen mit Kohle wurde der untere Nachrost entfernt. Es wurden nur Stücke über 150 mm bis zu einer größten Kantenlänge von 550 mm und einem größten Einzelgewicht von 26 kg aufgegeben. Abb. 38 stellt den Verlauf der Körnungsergebnisse in Abhängigkeit von der Drehzahl der Schlägerwellen dar. Danach ist bei zu hohen Drehzahlen der Anteil an Feinkohle zu groß; bei geringerer Drehzahl nimmt der Anteil des Überkorns stärker als der des Leitkorns zu.

Aus Abb. 39 ist die Abhängigkeit der Körnungsergebnisse von der Durchsatzleistung ersichtlich. Hierdurch wird der günstige Einfluß einer möglichst großen Beweglichkeit der Kohle im Rostkorb bestätigt.

Es ist anzunehmen, daß ein Hammerbrecher, der eigens zum Grobbrechen von Kohle gebaut und in seinen Abmessungen und Brechfaktoren auf die Kohlenart und die Aufgabegröße abgestimmt wird, bessere Körnungsergebnisse, als sie hier aufgezeichnet sind, ergeben wird.

5. Nadelbrecher.

Grundsätzlich sind zwei verschiedene Bauarten von Nadelbrechern zu unterscheiden, einmal Maschinen, die ähnlich wie ein Backenbrecher arbeiten und lediglich an Stelle der Zahnrippen Nadeln von verschiedener Größe und Form besitzen, und dann solche, bei denen ein waagerechter oder etwas geneigter Kohlefluß auf einem Tisch durch einen oder mehrere von oben nach unten gerichtete Nadelsätze zerstochen wird.

Nadelbrecher mit Backenbrecherarbeitsweise.

Grundgedanke und Brechvorgang[38].

Der Brechraum wird aus einer festen oder auch beweglichen Brechwand und einer anderen feststehenden Wand mit Löchern gebildet (siehe Abb. 40).

Die eigentlichen Nadeln sind auf einer schwingenden Backe befestigt, die von einem Doppelkniehebel gesteuert wird, und stoßen durch die Löcher der feststehenden Wand in den Brechraum hinein. Gewöhnlich ist ein Teil der Brechwand als Schwingsieb ausgebildet, das durch seine Rüttelbewegung eine Verlagerung der Kohlekörper zu den Nadelspitzen und gleichzeitig eine Ableitung der genügend gebrochenen Kohleteilchen bewirkt. Die Nadeln haben verschiedene Längen und Abstände und sind so zueinander angeordnet, daß ähnlich wie beim Backenbrecher ein mehrmaliger Zerkleinerungsdruck auf die Kohlekörper ausgeübt wird.

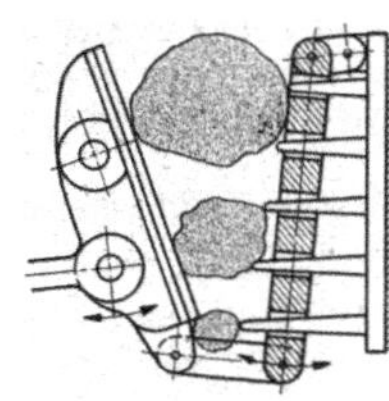

Abb. 40. Nadelbrecher als Backenbrecher.

Die Leistung eines derartigen Brechers von 1000 mm Arbeitsbreite liegt bei der Zerkleinerung von Stücken auf die Leitkorngröße 40—70 mm je nach der aufgegebenen Kohlenart etwa zwischen 10 und 15 t/h.

Nadelbrecher Bauart Norton und ähnliche.

Grundgedanke und Brechvorgang.

Es gibt verschiedene Ausführungen[39], die sich nicht so sehr durch den eigentlichen Brechvorgang als vielmehr durch die bauliche Beherrschung der verschiedenen beweglichen Teile des Brechers voneinander unterscheiden (siehe Abb. 41). Der Kohlefluß wird entweder durch ein Förder-

[37] Den Herren Abteilungsleiter Leggemann und Obering. Lembke danke ich bestens für die Ermöglichung der Versuche an einem Titanbrecher. In gleicher Weise danke ich Herrn Mönkemeiner, der den Brecher auf seinem Kalkwerk freundlichst zur Verfügung stellte.

[38] Anderson, Coal Crushing Equipment. Iron Coal Tr. Rev., 4. März 1938. — Collins und Statham, Coal Breaking Practice. Colliery Engng. 1937, I—VII, S. 171.

[39] Anderson, Coal Crushing Equipment. Iron Coal Tr. Rev., 4. März 1938. — Collins und Stathem, Coal Breaking Practice. Colliery Engng. 1937, I—VII, S. 116. — The Breaking of Coal. Iron Coal Tr. Rev., Januar 1937, S. 12.

band oder durch Rüttelschwingungen des ganzen Tisches oder einzelner seiner Abschnitte aufrechterhalten. Meist ist der Tisch federnd aufgehängt, damit er beim Durchtreten von härteren Bergen oder Eisenteilen nach unten nachgeben kann und so die Nadelspitzen vor Beschädigungen bewahrt.

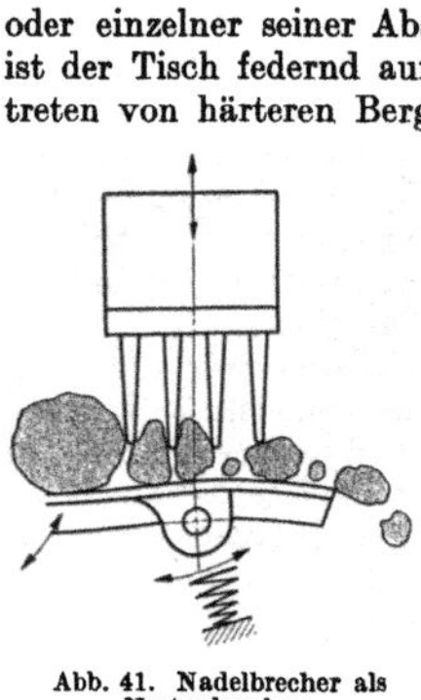

Abb. 41. Nadelbrecher als Nortonbrecher.

Eine besondere Einrichtung bewirkt, daß die Bewegung des Kohleflusses unter den Nadeln in dem Augenblick zum Stillstand kommt, wo die Nadeln nach unten stoßen.

Teilweise hat der Tisch senkrecht unter den einzelnen Nadelspitzen siebartige Löcher. Die Kohle wird durch sie nach der Zerkleinerung mit den Nadeln hindurchgedrückt oder kann beim Hochgehen der Nadeln und beim Wiederbeginn der Förderbewegung des Tisches frei fallen. Andere Bauarten bevorzugen eine glatte Tischfläche, bei der die Kohle sich vor und während des Stoßes leicht ausbreiten kann, so daß ein Abbiegen der Nadeln verhütet wird. Diese Bewegung der Kohlekörper wird in manchen Fällen durch eine Aufteilung des Tisches in sogenannt-Stoßplatten und anschließende Rüttelherde mit Siebelöchern verstärkt, bei denen auch die Stoßplatten Schwingungen, jedoch unabhängig von den Rüttelherden und den Nadelsätzen, ausführen.

Je nach der Aufgabekorngröße und dem gewünschten Zerkleinerungsgrad besitzen die Brecher mehrere hintereinander geschaltete Nadelsätze, die in der Länge der Nadeln und in ihren Abständen verschieden sind. In jedem Fall wird die Kohle so in mehreren einzelnen Stößen nacheinander zerstochen.

Beanspruchungsarten und Kritik beider Bauweisen.

Bei allen Nadelbrechern wird die Kohle mit einem kurzen schnellen Schlage durch punktförmigen Druck zerspalten, wobei sie auf einer federnden Unterlage ruht.

Diese Art der Zerkleinerung ist am günstigsten.

Eine Schwierigkeit besteht jedoch bei allen Nadelbrechern in der baulichen Beherrschung dieses Vorgangs. Um die Kohle wirkungsvoll zu zerstechen, müssen die Nadeln sehr spitz sein. Hierdurch ergeben sich für sie sehr hohe Flächendrücke, die zu einem schnellen Verschleiß der Spitzen führen. Desgleichen ist bei der notwendigen Länge der Nadeln mit beträchtlichen Biegungsbeanspruchungen an ihrer Einspannstelle zu rechnen.

Aus diesen Gründen wird immer angestrebt, daß die Nadeln nur senkrecht zum eigentlichen Kohlefluß und Auflagetisch arbeiten und die Kohle nur in Ruhestellung treffen.

Eine solche unterbrochene Arbeitsweise eines Nadelbrechers macht es schwer, eine wirtschaftliche Durchsatzleistung zu erzielen.

Die Steuerung der mit verschiedener Schwingungszahl arbeitenden einzelnen Teile des Brechers und die stoßartige Stillsetzung und Förderung des Kohleflusses bedingen viele bewegliche Teile, die oft Anlaß zu Betriebsstörungen geben und oft lange Zeit zu ihrer Instandsetzung benötigen.

Aus diesem Grunde ist der Bau von Nadelbrechern in Deutschland ganz aufgegeben worden, zumal auch die Körnungsergebnisse, wie aus dem englischen und amerikanischen Schrifttum hervorgeht, nicht günstiger sind als die eines Zwei- oder Dreiwalzenbrechers[40].

6. Zahn- und Stachelwalzenbrecher.

Ebenso wie die Hammerbrecher lassen sich die Walzenbrecher zur Feinzerkleinerung und auch zum Grobbrechen verwenden.

Für die Feinzerkleinerung werden die Walzen mit glatter oder geriffelter Oberfläche ausgeführt. Derartige Maschinen bezeichnet man als Walzenmühlen[41]. Zum Grob- und Vorzerkleinern sind sie ungeeignet[42].

Hierfür unterscheidet man nach der Art des Brechvorgangs und nach dem Verwendungszweck grundsätzlich zweierlei Brecherarten, den Einwalzenbrecher und den Zweiwalzenbrecher.

Je nach der Ausgangskorngröße und dem Zerkleinerungsgrad werden diese beiden Grundformen dann zu Drei-, Vier- und auch Mehrwalzenbrechern zusammengestellt.

Einwalzenbrecher mit fester Brechwand. Grundgedanke.

Diese Brecherart wird in Deutschland fast ausschließlich zum Vorbrechen großer Stücke auf eine Mittelkörnung von etwa 100—200 mm verwendet. In England und Amerika wird sie auch als Nachbrecher gebraucht[43]. Bei der Erläuterung des Brechvorgangs soll die in Deutschland übliche Arbeitsweise zugrunde gelegt werden.

Abb. 42. Einwalzen-Vorbrecher.

Wie Abb. 42 zeigt, besteht der Brecher aus einer Walze von verhältnismäßig kleinem Durchmesser des Walzenkerns mit großen Zähnen und einer gegenüberliegenden Brechwand mit von oben nach unten verlaufenden Zahnrippen.

Brechvorgang und Beanspruchungsarten. Der eigentliche Brechvorgang läßt sich in drei Abschnitte zerlegen:

1. Einziehen der großen Stücke.
2. Erstes Zerspalten der Kohle zwischen Zahnspitze der Walze und Schneide der Brechflanken.
3. Nachzerkleinern der vorgebrochenen Stücke und Durchfördern durch den unteren Teil des Brechraums.

Die in den Brecher einfallenden Kohlestücke legen sich je nach der Stellung der Zähne beim Auftreffen eines Stückes auf die Walze entweder zwischen zwei Zähne eines Zahnrings oder treffen auf einen Zahn. Im letzteren Falle werden sie dadurch etwas angehoben und gedreht, so daß sie sich in die nachfolgende Zahnlücke einschieben können. Hierbei wird die Kohle kurz und schlagartig erschüttert, wobei sie aber noch elastisch ausweichen kann.

Der Kohlefluß bei einem Stückkohlenbrecher geht im praktischen Betrieb so vor sich, daß zwei bis drei größere Stücke ziemlich gleichzeitig in die Einfallöffnung gelangen

[40] The Breaking of Coal. Iron Coal Tr. Rev., Januar 1937, S. 12 und 15. Juli 1938.

[41] K. Meister, Die Entwicklung von Feinbrechern. Verfahrenstechnik VDI 1938, H. 2.

[42] K. Naske, Zerkleinerungsvorrichtungen und Mahlanlagen. Verlag Otto Spamer 1926.

[43] Anderson, Coal Crushing Equipment. Iron Coal Tr. Rev. 4. März 1938.

und sich dann nebeneinander in der Längsrichtung der Achse zwischen die Zahnreihen einfügen.

Von der richtigen Wahl des Neigungswinkels der Brechwand, der Höhe der Zähne und der Größe der Zahnlücken hängt es nun ab, ob der Kohlekörper zwischen Brechwand und Walze eingezogen oder wieder nach oben aus der Bahn der Zahnspitzen hinausgedrückt wird (siehe Abb. 43).

Es macht einen Unterschied, ob alle Zähne der Zahnwalzen in der Achsenrichtung nebeneinander in einer Flucht, oder ob sie versetzt angeordnet sind, wie groß der Kohlekörper ist, und wie er auf der Walze liegt. Dementsprechend werden die Zerkleinerungskräfte auf das Kohlestück von der Spitze und vorderen Schneide eines Zahns der Walze und zweier benachbarter Leisten der Brechwand oder auch von zwei Zähnen und einer oder zwei Brechleisten übertragen.

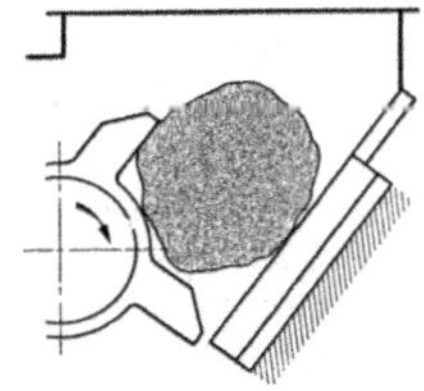

Abb. 43. Einwalzen-Vorbrecher. Zustand im Augenblick vor der Spaltung der Kohle.

Es findet also unter kräftiger Schlagwirkung eine drei- oder mehrpunktförmige Druckbeanspruchung auf die Kohle statt. Nebenher treten noch zusätzlich Kerb-, Scher- oder Biegungseinflüsse auf. Das Einziehen geht also unmittelbar in die eigentliche erste Zerkleinerung des Stückes über.

Der Kohlekörper wird hierdurch entweder nach einer Schichtfläche zerspalten, oder er zerspringt sofort in mehrere kleine Stücke.

Die einzelnen Restkörper werden von dem mittleren Angriffspunkt, wo die eigentliche Zerkleinerung stattfindet — die äußeren Angriffspunkte wirken nur als Widerlager —, nach den beiden Seiten, also nach den Widerlagern hin, abgelenkt. Haben zwei Zähne der umlaufenden Walze das Widerlager gebildet, so nehmen sie die Kohle mit, im anderen Falle bleibt dies den nachfolgenden Zähnen vorbehalten.

Je nach Form, Größe und Lage werden die einzelnen Restkörper mehr oder weniger leicht zum Austrittsspalt hin und durch diesen gefördert. Sind die Stücke noch verhältnismäßig groß geblieben, so werden sie von der Schneide des Zahnes auf diesem Weg an den Grund der Brechwand und an eine oder auch beide Flanken der Zahnrippen gedrückt und hier entlang gezerrt und gequetscht, bis der so entstehende Flächendruck groß genug zum weiteren Zerkleinern wird. Bei dieser letzten Beanspruchung wird keine Schlagwirkung ausgeübt.

Kritik der Beanspruchungen. Durch den ersten schlagartigen Aufprall der Kohle auf die Zahnwalze während des Einziehens treten nur geringe Beanspruchungen auf, die fast keine Feinkornbildung entstehen lassen.

Die erste Zerspaltung der Kohle geht unter schlagartiger punktförmiger Druckbeanspruchung vor sich, ohne daß die Kohle federnd nachgeben kann. Die Kohle wird gewissermaßen nach Spaltflächen zerlegt, wobei die mitanfallenden kleineren Teile meist noch Nußgröße haben, Feinkohle nur in geringem Ausmaß entsteht.

Weniger vorteilhaft beeinflußt der dritte Abschnitt des Brechvorgangs den Körnungsanfall. Der hier herrschende Flächendruck zerquetscht die Kohle und führt zu einem stärkeren Abrieb der bereits genügend vorzerkleinerten Restkörper.

Einfluß der Zahnanordnung. Sind die Zähne in der Achsenrichtung in einer Flucht angeordnet, so können sich die Kohlestücke in die dazwischenliegende Längsmulde gut einlegen; sie werden dabei von der nachfolgenden Zahnreihe sicher gehalten und leicht eingezogen.

Sind sie dagegen um eine halbe Zahnteilung versetzt, so werden auf der Walze dadurch einzelne Trichter gebildet, in die besonders die großen Stücke nicht tief genug ragen und beim Einziehen leicht wieder nach oben hinausgedrückt werden können.

Anderseits können bei der letzten Anordnung die Restkörper nach dem ersten Brechen besser seitwärts und schräg rückwärts ausweichen; sie werden auch nicht zwischen zwei in gleicher Linie liegenden benachbarten Zähnen eingeklemmt und sind in den einzelnen Trichtern besser vor gegenseitigem Quetschen geschützt.

Einfluß von zwischengeschalteten kleineren Zähnen und Zahnrippen. Werden zwischen den großen Zähnen noch kleinere Zähne angeordnet, so kann weniger Flächendruck am Walzengrund entstehen. Dies hat jedoch den Nachteil, daß die Kohle beim Einziehen angehoben wird und nach oben aus dem Bereich der großen Zähne hinausspringt. Auch werden die gebrochenen Restkörper durch die kleinen Zähne in ihrer Bewegung und Verlagerung gehemmt, so daß sie den im dritten Abschnitt des Brechvorgangs auftretenden ungünstigen Mahl- und Quetschbeanspruchungen nicht genügend ausweichen können.

Ebenso nachteilig ist es, kleine Zahnleisten in der Längsrichtung der Walzen anzubringen, obwohl hierdurch das Einziehvermögen der Walzen gesteigert wird.

Ein Vorteil der kleinen Zwischenräume liegt darin, daß ein höherer Zerkleinerungsgrad der Kohle erreicht wird.

Einfluß der Arbeitsbreite. Ein Stückkohlenbrecher muß eine Mindestarbeitsbreite von 1000—1200 mm besitzen, weil die Kohlestücke sonst im Zulauf, Aufgabetrichter oder vor der Einfallöffnung, besonders bei stoßartiger Belastung, Brücken in der Längs- und auch in der Querrichtung der Walzenachse bilden, die eine Verstopfung verursachen und die Brechwalze leerlaufen lassen.

Einfluß der Spaltweite. Je weiter der Spalt eines Einwalzenbrechers eingestellt wird, desto günstiger vermag der Brecher die Kohle einzuziehen, weil die einzelnen Stücke dabei viel tiefer zwischen Walze und Brechwand einfallen und auch von den Zähnen besser erfaßt werden können.

Der Anteil der größeren Kornklassen nimmt bei weiterem Spalte erheblich zu, entsprechend den vergrößerten Abständen von den Angriffspunkten auf die Kohle.

Besonders wichtig ist jedoch, daß der Weg, den die Kohle nach dem ersten Zerspalten zwischen Walze und Brechwand bis zum Austrittsspalt zurückzulegen hat und bei dem die ungünstige Nachbeanspruchung herrscht, verkürzt wird. Vor allem entfällt das im dritten Abschnitt des Brechvorgangs entstehende nachteilige gegenseitige Zerdrücken und Zerquetschen der Kohlestücke. Zugleich läßt sich die Durchsatzleistung des Brechers erheblich steigern.

Beweis durch Versuche. Die Versuche nach Zahlentafel 11 wurden auf einem neueren Brecher mit nachstehenden Einzelheiten durchgeführt:

Je Zahnring 4 Zähne auf dem Umfang, in einer Zahnringebene 4 große, in der danebenliegenden 4 kleinere Zähne, in versetzter Anordnung.

Durchmesser des Walzengrunds	350 mm
Spitzendurchmesser der großen Zähne	600 mm
Spitzendurchmesser der kleinen Zähne	500 mm
Abstand der Zahnringebene	125 mm
Höhe der Zahnrippen auf der Brechwand	70 mm

Umfangsgeschwindigkeit der Spitzen der großen Zähne	1,7 m/s
Durchsatzleistung beim Versuch	50 t/f
Arbeitsbreite	1200 mm
Aufgabestückgröße	250—600 mm
Sollkörnung	120—250 mm

Der Unterschied im Körnungsergebnis bei verschiedener Spaltweite ist klar ersichtlich. Die Ergebnisse in Zahlentafel 12 zeigen, daß der Feinkohlenanteil erheblich zunimmt, sobald der Brecher ein engeres Körnungsband erzeugen soll.

Bei einem Vergleich der Körnungsergebnisse[44] von Zahlentafel 11 und 12 sind die andere Siebart und die Bauausführung der Brecher zu berücksichtigen, während der Unterschied in der Beschaffenheit der beiden Kohlearten vernachlässigt werden kann.

Die im englischen und amerikanischen Schrifttum veröffentlichten Ergebnisse[45] liegen in ihrem Körnungsverlauf erheblich ungünstiger. Da jedoch über die Art der Kohle und die meisten Brechfaktoren keine genauen Angaben bekannt sind, besteht keine Möglichkeit, jene Werte mit den deutschen prüfend zu vergleichen.

Einwalzenbrecher mit nachgebender Brechwand.

Während die feste Brechwand nur eine harte Federung zum Schutz gegen Beschädigungen des Brechers durch Fremdkörper wie Eisenstücke und Berge besitzt, die aber beim Brechen von Kohle nicht in Tätigkeit tritt, findet man auch Bauarten von Brechern, bei denen eine nachgebend gelagerte Brechwand den Brechvorgang selbst beeinflussen soll.

Hierdurch wird angestrebt, den großen Unterschied in der Aufgabestückgröße etwas auszugleichen. Die Brechwand tritt bei dem Auftreffen sehr großer Stücke zurück, erhöht so das Einziehvermögen des Brechers und bildet gleichzeitig eine nachgebende Unterlage für die Kohle während ihrer Zerschlagung.

Das Nachgeben läßt die Kohle bei geringem Feinkornanfall aufspalten und ist als sehr günstig anzusehen.

Anderseits bringt diese Brecherbauweise erhebliche Schwierigkeiten mit sich insofern, als die Zahl der beweglichen Teile größer wird und damit leichter zu Betriebsstörungen Veranlassung gibt. Auch besitzt die nachgebende Brechwand infolge ihrer schweren Ausführung eine solche Trägheit, daß sie den kurzen schnellen Schlägen beim Aufspalten der Kohle nicht schnell genug folgen kann.

Einwalzenbrecher mit beweglicher Brechwand.

Die Bauart des Einwalzenbrechers mit einer hin- und hergehenden Brechwand wird nur noch selten angewandt. Dabei wird die Brechwand meist als Einschwingenbrechbacke und nur mitunter mit Doppelkniehebel ausgebildet.

Der Brechvorgang unterscheidet sich nur wenig von dem eines Brechers mit feststehender Brechwand. Die Nachzerkleinerung, die bei dem letztgenannten Brecher ungünstig ist, wird bei der pendelnden Arbeitsweise der Brechbacke mehr in ein schlagartiges Zerspalten der Kohlekörper umgewandelt. Hierbei wirkt sich das Arbeitsdiagramm des Einschwingenbrechers mit seiner verstärkten Abwärtsbewegung an der Stelle des engsten Spaltes im Zusammenarbeiten mit der drehenden Walze günstiger aus als die reine pendelnde Bewegung eines Doppelkniehebels.

Die Kohle wird stark durchgerüttelt und kann sich leichter in eine Lücke zwischen die Walzenzähne einlegen und so ohne weitere Nachzerkleinerung und Quetschung durch den Austrittsspalt hindurchgehen[46].

In der Anschaffung und im Betrieb ist diese Bauart jedoch erheblich teurer. Auch unterliegt eine derartige Maschine durch die größere Zahl der beweglichen Teile einem stärkeren Verschleiß. Demgegenüber ist der Gewinn im Körnungsergebnis geringfügig. Daher konnte sich diese Bauart gegenüber dem normalen Einwalzenbrecher nicht durchsetzen.

Zweiwalzenbrecher. Grundgedanke.

Dieser Brecher besteht aus zwei in Größe und sonstiger Ausführung gleichen Walzen, die sich mit derselben Umfangsgeschwindigkeit gegeneinander drehen (siehe Abb. 44, 51 und 52).

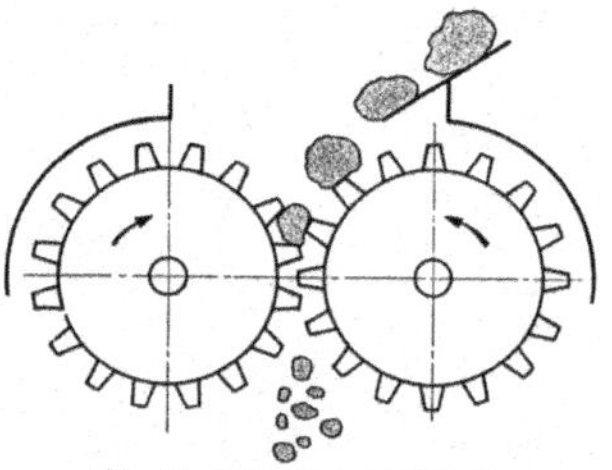

Abb. 44. Zweiwalzen-Nachbrecher.

Die Zähne und Stacheln auf den Walzen sind je nach dem Verwendungszweck in Form und Größe verschieden, und auch in ihrer Lage zueinander sind sie unterschiedlich angeordnet.

b) Brechvorgang und Beanspruchungsarten.

Die Kohlestücke fallen, bedingt durch ihre Geschwindigkeit, mit der sie durch das Förderband herangebracht werden, je nach Form und Gewicht entweder zwischen beide Walzen oder mehr auf eine Walze. Entsprechend der Zahnstellung im Augenblick des Aufpralls wird die Kohle sofort von den sich einander nähernden Zähnen erfaßt, eingezogen und zersprengt oder beim Aufprallen auf einen Zahn von diesem etwas angeschlagen, angehoben und in eine Zahnlücke der eigenen oder der gegenüberliegenden Walze geschleudert. Im letzten Falle findet das Einziehen dann statt, wenn die Walzen sich um einen Zahn oder höchstens um zwei Zähne weiter gedreht haben.

Das Einziehen geht bei einem Zweiwalzenbrecher noch schneller und flüssiger in das Zerspalten über als bei einem Einwalzenbrecher.

Der eigentliche Brechdruck wird von einem Zahn der einen Walze und einem Zahn oder zwei Zähnen der anderen Walze ausgeübt, und zwar schlagartig. Je nach Form, Größe und Lage des Kohlestücks zwischen den Zähnen wirken nur die Spitzen allein oder zusammen mit den vorderen Schneiden und unter Umständen mit den Rücken der Zähne. Durch diese drei Punktberührungen wird die punkt- oder schneidenförmige Druckbeanspruchung noch von Scher-, Biegungs- und Kerbeinflüssen begleitet, die je nach der Ausführungsart der Walzenverzahnung im einzelnen mehr oder weniger wirksam werden.

[44] Die Versuche fanden auf zwei verschiedenen oberschlesischen Gruben statt.

[45] J. G. Bennett, Broken Coal. Colliery Guard. 1936, S. 945/948; S. 993/996; S. 1053/1055. — Collins und Statham, Coal Breaking Practice. Colliery Engng. 1937, I—VII. — Crushing technique gains increasing importance with shift to smaller sices. Coal Age 39 (1934), S. 269/271.

[46] Improved type of single-roll coal breaker at Denaby-Main-Colliery. Iron Coal Tr. Rev. 129 (1934), S. 845/846.

Wie Abb. 45 zeigt, wird die Kohle in einem gewissen Drehwinkel vor dem engsten Spalt eingezogen und zersprengt. Da die Zähne an dieser Stelle noch weit voneinander entfernt stehen und dadurch einen verhältnismäßig großen freien Raum zwischen sich bilden, können die einzelnen Restkörper, in die das Stück je nach Härte, Gefüge und Lage aufgeteilt wurde, sich noch sehr gut frei bewegen und dem beim Zerspalten und Bersten auftretenden Stoß federnd nachgeben.

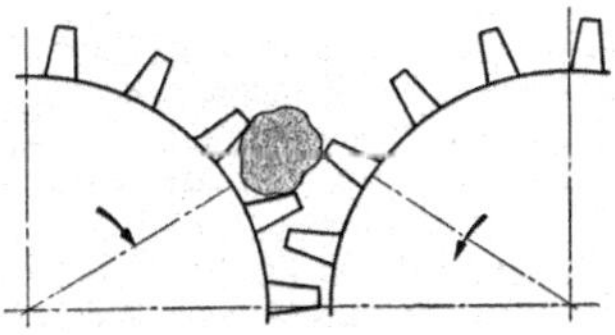

Zweiwalzen-Nachbrecher.
Abb. 45. Zustand im Augenblick vor der Spaltung der Kohle.

Im weiteren Verlauf der Walzendrehung rücken die Zähne einander immer näher; dabei werden die freien Zwischenräume immer kleiner, bis sie im engsten Spalt auf ihren niedrigsten Wert herabgehen. Dies bringt eine zweite Zerkleinerung mit sich, und zwar üben jetzt die Zahnflanken und der Walzengrund reine Flächendrücke aus, zu denen noch eine mahlende Wirkung der umlaufenden Zahnflanken hinzutritt.

Hierdurch werden die einzelnen Restkörper, je nachdem sie sich zwischen die Zähne einbetten, mehr oder weniger stark nachzerkleinert. Die einzelnen kleinen Stücke quetschen sich auch gegenseitig und werden so noch weiter zerdrückt.

Hinter dem engsten Spalt fallen die Kohlenstückchen beim Auseinandertreten der Zähne nach unten, ohne sich zwischen den Zähnen in nennenswertem Maße festzuklemmen.

Kritik der Beanspruchungen. Das Einziehen und schlagartige Zersprengen der Kohle durch punktförmige oder schneidenähnliche Druckbeanspruchungen, die zudem nur von zwei, drei oder höchstens vier Angriffspunkten ausgehen, verläuft sehr günstig und ist für das Körnungsbild in den größeren Sorten maßgebend. Da kein Flächendruck herrscht, bedarf es zur Zerkleinerung auch nur geringer Kräfte. Die anfallenden Restkörper bleiben hart und fest. Staub und Feinkohlenanteil bewegen sich in mäßigen Grenzen.

Eine wesentlich ungünstigere Wirkung übt die Nachzerkleinerung im dritten Abschnitt des Brechvorgangs auf den Körnungsverlauf aus. Die dabei auftretenden Flächendrücke und mahlenden Kräfte verursachen eine starke Quetschung und Zertrümmerung der bereits genügend gebrochenen Restkörper. Dies kommt in einem größeren Anstieg der feineren Körnungen zum Ausdruck.

Besonders bei stoßartiger Belastung kommt es vor, daß sich die einzelnen Restkörper gegenseitig zerquetschen oder auch in ungünstige Lagen zwischen die Zahnflanken einschieben. Hierdurch wird ebenfalls der Feinkohlenanteil unerwünscht vergrößert.

Einfluß der Spaltweite. Wird der Spalt weiter eingestellt, so läßt sich die Nachzerkleinerung stark einschränken. Dagegen steigt der Anteil des Überkorns erheblich an, weil jetzt die Zahnspitzen die Kohle nur noch an weit auseinandergerückten Angriffspunkten treffen und somit die einzelnen kleineren Kohlekörper im wesentlichen unbeansprucht durch den Brecher lassen.

Ist der Spalt dagegen klein, so erzeugt der Walzengrund beim Aufspalten und vor allem nachher im engsten Spalt auf die Restkörper reinen Flächendruck. Infolge der geringen Bewegungsmöglichkeit der Restkörper zwischen den Zähnen bei engem Spalt geraten viele Stücke in eine so ungünstige Lage zwischen die Zahnflanken, daß sie zu Feinkohle zerdrückt werden.

Einfluß der Durchsatzleistung. Je größer die Durchsatzleistung eines Brechers bei gleicher Arbeitsbreite ist, desto dichter folgen die einzelnen Kohlekörper aufeinander, und desto eher können sich die Stücke vor, während und nach dem eigentlichen Zerspalten gegenseitig beeinflussen und zerquetschen. Die Restkörper können sich dabei nicht frei genug in den Zahnlücken bewegen. Daher werden besonders die kleineren Teile stark zertrümmert.

Einziehvermögen. Das Einziehvermögen eines Zweiwalzenbrechers hängt in erster Linie von dem Walzendurchmesser und der Art der Verzahnung ab. Damit wird auch die Größe der aufgegebenen Kohle festgelegt.

Ist das Einziehvermögen zu gering, so tanzen die größeren Stücke geraume Zeit auf den Walzen herum, wobei viel Feinkohle entsteht und die Durchsatzleistung des Brechers sinkt. Ist es dagegen zu groß, so kann besonders bei stoßartiger Belastung des Brechers die Kohle von den Zähnen gewissermaßen durch den Walzenspalt gewürgt werden, ohne vorher genügend zerspalten zu sein. Dies verursacht einen ganz besonders hohen Anteil an feineren Kornsorten.

Beweis durch Versuche. Die Versuche[47] wurden durchgeführt an einem Würfelkohlenbrecher „M" neuer Bauart mit folgenden Hauptkennzeichen:

Spitzendurchmesser der Brechzähne	630 mm
Durchmesser des Walzengrunds	510 mm
Höhe der Brechzähne	60 mm
Höhe der Fangzähne	75 mm
Arbeitsbreite	800 mm
Umfangsgeschwindigkeit	1,5 m/s

18 Zähne auf dem Umfang verteilt. Einige Zahnringe mir 6 Fangzähnen. Alle Zähne in versetzter Anordnung, und zwar jeweils um eine halbe Zahnteilung.

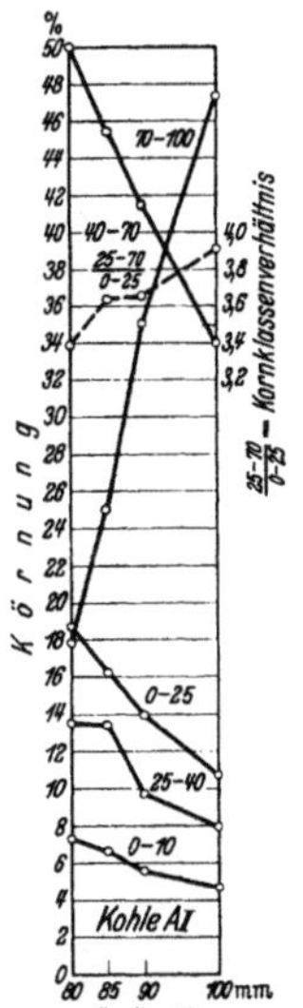

Abb. 46. Einfluß der Spaltweite auf die Kornverteilung bei dem Zweiwalzenbrecher „M". Mittelharte Kohle „AI" mit starker Mattkohlenanreicherung. Aufgabekörnung 70–130 mm, mit vorwiegend 70–100 mm.

Die Körnungsergebnisse in Abb. 48 und 49 bestätigen, daß bei einem Zweiwalzenbrecher verhältnismäßig günstige Beanspruchungen auftreten. Abb. 48, Körnungsbild „W" zeigt das Körnungsband bei einem weiten Brecherspalt und Abb. 49, Körnungsbild „W" bei dem für diesen Brecher engsten Spalt. Ein Vergleich beider Ergebnisse läßt erkennen, daß sich bei kleinerer Spaltbreite das ganze Körnungsband mehr in den Bereich der kleineren Kornklassen verlagert, wobei der Feinkohlenanteil stark zunimmt (siehe Abb. 46).

Die Durchsatzleistung ist bis zu einem gewissen Umfang ohne Einfluß auf das Körnungsergebnis (siehe Abb. 47). Wird die Beaufschlagung des Brechers weiter gesteigert, so daß die notwendigen Abstände zwischen den einzelnen Kohlekörpern sich verringern, so wächst auch die Zer-

[47] Die Versuche fanden in der Versuchsstation für Hartzerkleinerung der Krupp-Gruson-A.-G., Magdeburg, statt.

kleinerungswirkung. Auf Kosten der großen Kornklassen nimmt der Anteil an Feinkohle stark, an mittleren Körnungen weniger zu. Es verschlechtert sich also das Kornklassenverhältnis des Brechers.

Kleinere Stücke bis etwa 150 mm wurden bei den angestellten Versuchen von den Walzen glatt eingezogen. Größere Stücke von etwa 200 mm an wurden von den Zähnen dagegen nicht mehr erfaßt. Sie tanzten vielmehr auf den Walzen mehrere Umdrehungen lang herum, bis durch die Vielzahl der Schläge kleinere Stücke abgespalten wurden und das einzelne Stück dann von einem größeren Fangzahn eingezogen werden konnte. In diesem Falle sprangen an den Kanten und Ecken eine große Menge Kohleteilchen ab, wodurch der Feinkohlenanfall vermehrt wurde.

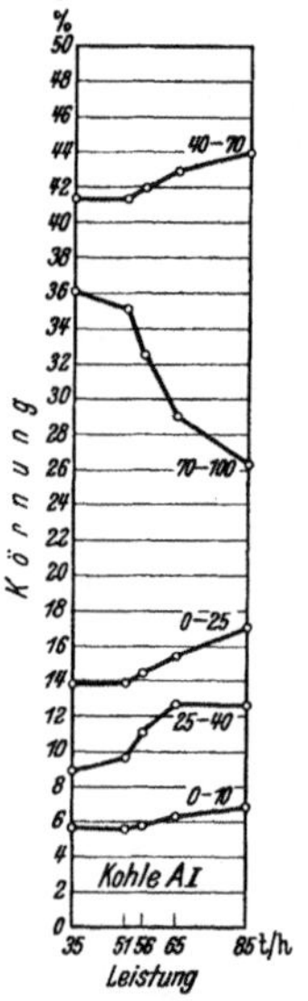

Abb. 47. Einfluß der Durchsatzleistung auf die Kornverteilung bei dem Zweiwalzenbrecher „M". Kohle und Aufgabekörnung wie bei Abb. 46. Arbeitsbreite des Brechers = 800 mm. Spalt = 90 mm

Eine Zergliederung des Brechvorgangs bei ganz langsamer Walzendrehung bestätigte, daß die Kohlekörper bei dem ersten Aufspalten in 2–4 Reststücke unter ganz geringem Staub- und Feinkohlenanteil zersprengt wurden, obwohl hierbei die Wirkung des kurzen Schlages ganz ausschied.

Beim Weiterdrehen der Walzen wurden die einzelnen Restkörper je nach ihrer Lage in den Zahnmulden ohne oder nur mit geringem Abrieb zum Austrittsspalt gefördert oder aber zwischen den Zahnflanken zerquetscht und zerdrückt, wobei Stücke von 50—60 mm restlos zu Körnungen von 0—15 mm zerkleinert wurden.

Mehrwalzenbrecher.

Zum Brechen großer Stücke auf kleine Sollkornklassen bis etwa Faustgröße und darunter wird im allgemeinen eine Verbindung eines Einwalzenbrechers mit einem nachgeschalteten Zweiwalzenbrecher gewählt.

Hierbei geht man von der Ansicht aus, daß ein Einwalzenbrecher mit kleinem Walzendurchmesser, großen Zähnen, weitem Spalt und entsprechender Zahnanordnung die großen Stücke hinreichend vorbricht. Da eine derartige Maschine unempfindlich im Betrieb und billig in der Anschaffung ist, wird sie in diesem Falle gegenüber einem Zweiwalzenbrecher bevorzugt.

Für das Nachbrechen überwiegt jedoch der günstigere Brechvorgang eines Zweiwalzenbrechers die niedrigeren Anschaffungskosten eines Einwalzenbrechers, weil es dann darauf ankommt, ein möglichst enges Körnungsband bei geringem Feinkohlenanfall zu erzeugen; hierzu ist der Einwalzenbrecher weniger imstande.

Gegenüberstellung der Zerkleinerungsvorgänge bei den untersuchten Brechern.

Der vollkommene Brechvorgang. Die Behauptung, mit einer punkt- oder auch schneidenförmigen Druckbeanspruchung der Kohle, die mit einem kurzen und schnellen Schlag vor sich geht, sei auch der zweckmäßigste Zerkleinerungsvorgang bei einem Brecher zu erreichen, wird durch die angestellten Untersuchungen und die in diesem Abschnitt aufgeführten Ergebnisse bestätigt.

Die Kraft soll nach Möglichkeit nur von drei versetzt angeordneten Angriffspunkten ausgehen, so daß ein Zusammenwirken des punktförmigen Druckes mit Kerb-, Scher- und Biegungsbeanspruchungen stattfinden kann. Dabei wird die Zerkleinerung durch die in vielen Kohlenstücken vorhandenen schwachen Stellen, wie Risse und Haftflächen zwischen Kohle und Einschlüssen, kräftig unterstützt.

Nach dem Zerspalten der Kohle muß für die einzelnen Restkörper genügend Bewegungsfreiheit vorhanden sein, damit sie der Sprengwirkung beim Bersten nachgeben können und sich nicht gegenseitig zerdrücken. Es muß nach Möglichkeit vermieden werden, daß auf dem Wege durch den engsten Spalt noch weitere Kräfte nachträglich auf die Restkörper einwirken.

Die Größe der Kräfte und der Schlagdruck müssen der Korngröße und der Gefügebeschaffenheit der Kohle weitgehend angepaßt sein, so daß die Kohle in nur wenige,

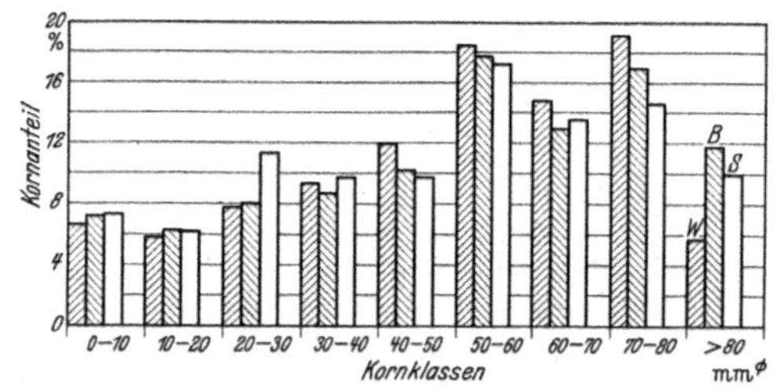

Abb. 48. Gegenüberstellung der Kornverteilung von 3 verschiedenen, auf etwa gleichen Feinkohlenanteil eingestellten Brechern. W = Walzenbrecher „M", B = Backenbrecher, S = Symons-Kegelbrecher. Kohle und Aufgabekörnung wie bei Abb. 46.

möglichst gleich große Restkörper gebrochen wird. Um also ein hohes Kornklassenverhältnis des Brechers zu erhalten, muß der Zerkleinerungsgrad begrenzt werden.

Gegenüberstellung der verschiedenen Brecher und Vergleich der Körnungsergebnisse. Nach

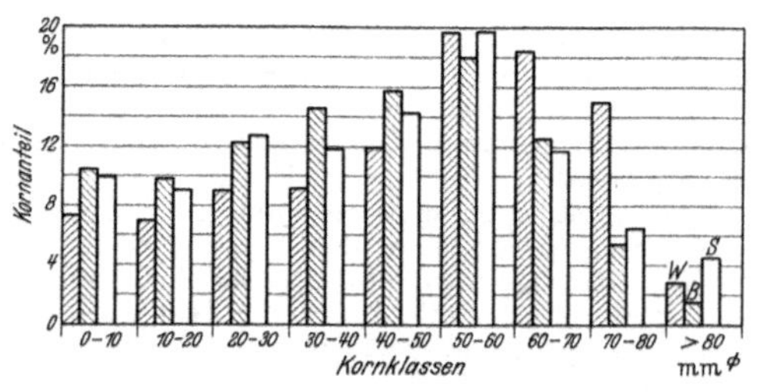

Abb. 49. Gegenüberstellung der Kornverteilung von 3 verschiedenen, für etwa gleiches Ausbringen der Körnung 25–70 mm eingestellten Brechern. W = Walzenbrecher „M", B = Backenbrecher, S = Symons-Kegelbrecher, Kohle und Aufgabekörnung wie bei Abb. 46.

Abb. 48 und 49 vermag ein Zweiwalzenbrecher gegenüber einem Backenbrecher und einem Symonskegelbrecher bei ungefähr gleichem Feinkohlenanfall von 0—25 mm einen höheren Anteil in dem gewünschten Sollkorn von 25 bis 70 mm zu erzeugen; bei etwa gleich eingestelltem Anfall in der Sollkörnung liegt der Anteil an Feinkohlen wesentlich niedriger.

Soll die Körnung 25—70 mm in größerem Umfang erzeugt werden, so nimmt der Anteil an Feinkohlen in höherem Maße zu als jener an der Körnung 25—70 mm. Es verschlechtert sich also das Kornklassenverhältnis bei allen drei Brecherarten (siehe Zahlentafel 8), jedoch beim Zweiwalzenbrecher viel weniger als bei den anderen Brechern. Bei den Versuchen sind alle drei Brecher mit der gleichen Kohlenart und der gleichen Aufgabekörnung beschickt worden.

Da der Hammerbrecher mit doppeltem Schlagwerk für die Zerkleinerung von hartem Kalkstein gebaut worden war und deshalb nur Ergebnisse mit Stückkohlen vorliegen, kann er in diesen Vergleich nicht mit einbezogen werden. Aus Abb. 32 und 39 läßt sich nur mittelbar schließen, daß für das Brechen von Stückkohle die Ergebnisse bei einem Backenbrecher günstiger liegen als bei einem Titanbrecher.

Durchsatzleistung. Die Durchsatzleistung eines Zweiwalzenbrechers von 800 mm Arbeitsbreite, eines etwa gleich großen Hammerbrechers mit doppeltem Schlagwerk und des Symonsbrechers Größe Nr. 3 sind ungefähr einander gleich und betragen bei den bezeichneten Körnungsverhältnissen etwa 50—60 t/h, während ein Backenbrecher mit derselben Arbeitsbreite nur etwa 25—35 t/h durchsetzen kann.

Einziehvermögen. Nach dem Einziehvermögen unterscheidet man zwei Brecherarten, nämlich solche, die nach ihrer Bauweise und nach ihrem Brechvorgang imstande sind, große Stücke zu erfassen und mit einem hohen Zerkleinerungsgrad zu zerbrechen, und Brecher, bei denen das Einziehvermögen durch die Leitkörnung und den Zerkleinerungsgrad bestimmt wird.

Zu den ersten Arten gehören Backenbrecher, Rund- und Kegelbrecher, zu den letzteren Symons- und Walzenbrecher.

Allgemein muß das Einziehvermögen eines Brechers so groß sein, daß die Aufgabekörnung, die sich aus der verlangten Leitkornklasse und dem für verlustarmes Brechen günstigsten Zerkleinerungsgrad herleitet, auch unter Berücksichtigung einzelner größerer Stücke und stoßartiger Belastung noch einwandfrei eingezogen wird.

Zahn- und Stachelzweiwalzenbrecher als die geeignetste Maschine für das schonende Brechen. Dem idealen Brechvorgang kommt die Arbeitsweise des Nadelbrechers und des Zweiwalzenbrechers am nächsten. Indessen kommt der Nadelbrecher aus praktischen und betrieblichen Erwägungen hierbei nicht in Betracht.

Die übrigen Brecher eignen sich weniger zum schonungsvollen Brechen von Kohle und müssen in ihrer Anwendung auf das Gebiet der reinen Hartzerkleinerung, wo sie durchwegs gute Ergebnisse liefern, beschränkt bleiben.

Vergleichende Feststellung des Körnungsanfalls bei Walzenbrechern, bei den physikalischen Versuchen und den Handschlagversuchen. Vergleicht man die Ergebnisse der physikalischen Versuche und der Handschlagversuche mit denen der verschiedenen Brecher, so ergibt sich, daß auch der günstigste Brecher mit einem viel niedrigeren Kornklassenverhältnis arbeitet, als es bei der Zerkleinerung einzelner Stücke erreicht wird.

Bei ungefähr gleicher Kohlenart beträgt das Kornklassenverhältnis der Versuche mit einzelnen Kohlekörpern 32,4—14,1, dagegen der Bestwert eines Zweiwalzenbrechers 3,7—3,55. Hierbei ist jedoch eine wirkliche Zerkleinerungsarbeit im Brecher vorausgesetzt und nicht die Brechereinstellung berücksichtigt, bei der ein großer Teil der Kohle bei sehr weitem Spalt unbeansprucht und ungebrochen bleibt.

Aus dem Unterschied im Kornklassenverhältnis leitet sich die Frage her, ob diese große Spanne auf einer unvollkommenen Bauart der Brecher oder der natürlichen Beschaffenheit der Kohle beruht.

Abschnitt VIII.

Regelfähiges Brechen.

Als regelfähiges Brechen soll die Art bezeichnet werden, die eine gewünschte Kornklasse in engem Körnungsbereich und in besonders hohem Anteil zu erzeugen vermag, wobei die darunter- und darüberliegenden mitanfallenden Körnungen auf das kleinste Maß beschränkt bleiben. Für das regelfähige Brechen muß also angestrebt werden, den idealen Brechvorgang möglichst zu erreichen.

Wie die bisherigen Beobachtungen erkennen lassen, werden die Brecheigenschaften wie Kornverteilung, Durchsatzleistung, Einziehvermögen, Zerkleinerungsgrad und Kraftbedarf eines Brechers von vielen verschiedenen Umständen bestimmt. Je nach ihrer Ausbildung unterliegt der ganze Brechvorgang erheblichen Veränderungen. Hierbei spielen auch die Aufgabekörnung und die Beschaffenheit des Gefüges der Kohle eine wichtige Rolle.

Feststellung der für das Brechen maßgebenden Einflußgrößen an einem Zweiwalzenbrecher.

Um die verschiedenen Korngrößen auf den idealen Brechvorgang richtig abstimmen und um ferner beurteilen zu können, warum das Kornklassenverhältnis eines Brechers von dem der physikalischen und Handschlagversuche so sehr abweicht, muß man die einzelnen Umstände auf ihre Bedeutung prüfen und dabei feststellen, wie sich das Zusammentreffen und die Überlagerung mehrerer Faktoren auswirkt.

Da für eine derartige Untersuchung umfangreiche Versuchsreihen erforderlich sind und hierfür während des praktischen Betriebs auf den Grubenanlagen im allgemeinen keine Möglichkeit besteht, wurden die Versuche größtenteils an einem für Versuchszwecke umgebauten Zweiwalzenbrecher älterer Bauart auf einem besonderen Versuchsstand durchgeführt. Dabei wurden auch die Ergebnisse von zwei anderen Brechern neuer Bauart, die zum Teil bereits im vorigen Abschnitt erwähnt wurden, mitverwertet.

A. Ausführung der Brecherwalzen, Versuchsstand, verwendete Kohlenarten und Versuchsdurchführung.

Der Versuchsbrecher[48] war mit neuen Zahnringen nach Abb. 50 ausgerüstet worden. Durch Einfügen von Holzsegmenten war es möglich, den Abstand der Zahnringe veränderlich zu gestalten und auch die mit kleinen Zähnen oder Zahnrücken versehenen Zwischenringe ganz zu ersetzen (siehe Abb. 51 und 52).

[48] Der Versuchsbrecher mit sämtlichem Zubehör und der Versuchsstand wurden von der Öhringengrube bei Gleiwitz O.-S. zur Verfügung gestellt. Den Herren Bergwerksdirektor Waldek und Obering. Bodora danke ich bestens für ihre tatkräftige Unterstützung.

Die Holzzwischenringe wurden, um den etwaigen Einfluß federnden Nachgebens auszuschalten, im Verlauf der Untersuchung gegen Eisenringe ausgewechselt.

Wie aus Abb. 53 und 54 ersichtlich ist, wurde die Kohle über einen Bunker von 500 mm Breite und etwa 0,6 cbm

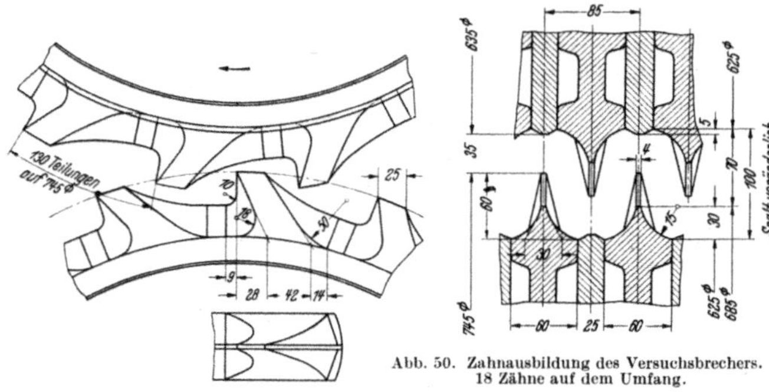

Abb. 50. Zahnausbildung des Versuchsbrechers. 18 Zähne auf dem Umfang.

Abb. 51. Versuchsbrecher mit freigelegten Zahnwalzen.

Abb. 52. Versuchsbrecher. Ansicht von oben.

Abb. 53. Versuchsstand in Oberschlesien.

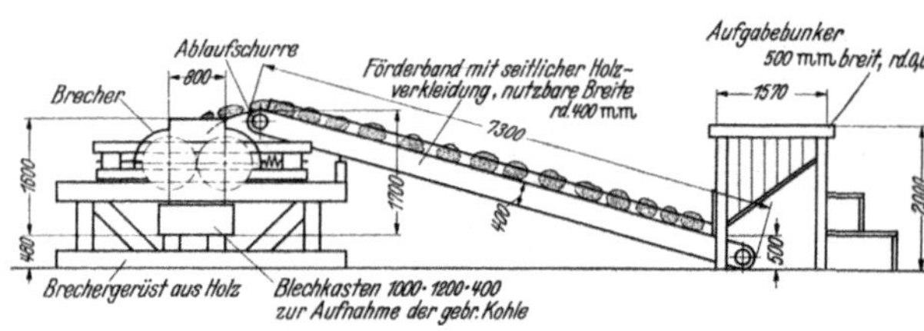

Abb. 54. Versuchsstand.

Fassungsvermögen auf ein rund 7 m langes Förderband von 500 mm Breite und von da über eine kurze Einlaufschurre in den Brecher aufgegeben.

Die gebrochene Kohle wurde in einem großen Blechkasten restlos aufgefangen; dabei betrug der gesamte von der Kohle zurückzulegende Höhenunterschied von der obersten Stelle des Förderbands bis zum Boden des Auffangkastens 1,7 m. Bei jedem Versuch wurden 120—130 kg Kohle durchgesetzt. Diese Menge genügte, um eindeutige Werte zu erhalten. Der auf der ungleichmäßigen Kohlebeschaffenheit beruhende Unterschied in den verschiedenen Körnungsanteilen war bei mehreren Kontrollversuchen niedriger als 1%. Besonderer Wert wurde darauf gelegt, daß für die — wenn auch kurze — Versuchszeit ein stetiger Kohlefluß auf dem Förderband erreicht wurde. Der Abrieb im Bunker und beim Absieben ist in den Ergebnissen mitenthalten.

Der ganze Aufbau des Versuchsstands wurde den Verhältnissen des praktischen Betriebs weitgehend angepaßt. Die Kohle kam unmittelbar von den benachbarten Gruben und hatte daher keine Veränderung in der Zusammensetzung ihres Gefüges erfahren. Aus diesem Grunde lassen die Ergebnisse sich unmittelbar auf den praktischen Betrieb übertragen, ohne daß etwa noch ein Gütebeiwert hinzugefügt werden müßte.

B. Bedeutung der verschiedenen Einflußgrößen für den Brechvorgang.

Bei der Beurteilung der einzelnen Brechergebnisse ist zu beachten, daß manche von ihnen im Verlauf der Untersuchung, also nicht als Abschluß mit der günstigsten Brecherstellung, gewonnen wurden und daher nur den Einfluß eines bestimmten Brechumstands darstellen können. Weiterhin ist jeweils die beim Versuch verwendete Kohlenart mit in Betracht zu ziehen.

1. Zahnform.

Die Zähne haben die Kohlestücke einzuziehen und zu zerspalten sowie die Restkörper durch den engsten Spalt zu fördern. Die beiden ersten Aufgaben führt der Zahn mit seiner Spitze aus, die letzte hauptsächlich mit seiner vorderen Schneide.

Die Spitze und die vordere Schneide der Zähne sind so breit zu wählen, daß keine zu großen Flächendrücke auftreten und die Zähne vorzeitig verschleißen, daß außerdem die Schlagwucht in richtigem Maße auf die Kohle übertragen wird, und daß sich noch Kerbeinflüsse genügend auswirken können.

Damit die Kohle nach ihrem ersten Zersprengen gut in die Laufbahn der benachbarten Zähne abgelenkt wird, sind schräge Flächen an der Vorderseite der Zähne zweckmäßig.

Um zu vermeiden, daß die Kohle bei Annäherung der Zähne in dem Drehwinkel zwischen dem Einziehen und dem engsten Spalt zerquetscht wird, soll die seitliche Fläche des Zahnes schmal sein und vom Zahngrund zur Spitze so steil ansteigen, wie es aus Gründen der Festigkeit zulässig ist.

Im übrigen spielt die eigentliche Zahnform bei gleicher Anordnung der Zähne auf der Walze nur eine untergeordnete Rolle; wichtiger ist die Einhaltung bestimmter Abstände der Zähne voneinander.

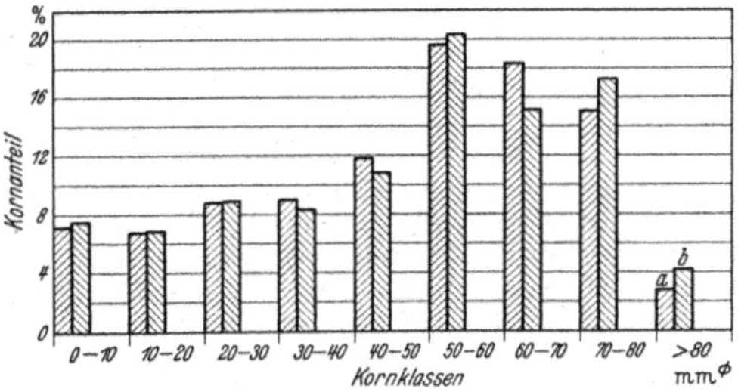

Abb. 55. Spaltweite = 80 mm.

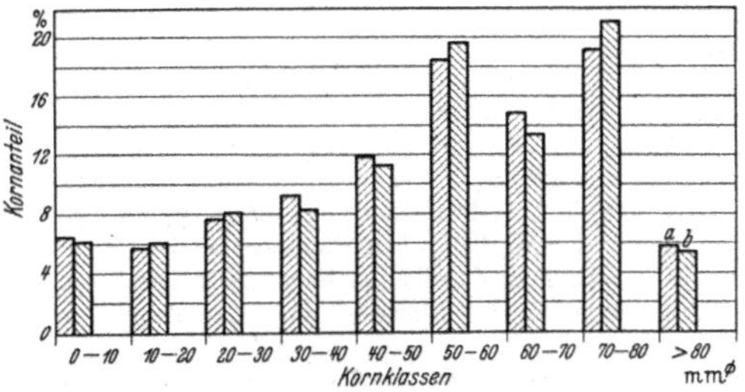

Abb. 56. Spaltweite = 85 mm.

Abb. 55 und 56. Einfluß der Zahnform auf die Kornverteilung bei etwa gleicher, versetzter Zahnanordnung.
a = Brecher „M" mit schmalflankigen Zähnen mit schmaler Schneide.
b = Brecher „N" mit breitflankigen Zähnen mit breiterer Schneide. Mittelharte Kohle „A I" mit starker Mattkohlenanreicherung. Aufgabekörnung; 70—130 mm, mit vorwiegend 70—100 mm.

Der Unterschied zwischen den Körnungsergebnissen zweier Brecher, von denen der eine Brecher Zähne mit schmaler Schneide und schmalen Flanken und der andere solche mit breiter Schneide und breiten Flanken hat, ist sehr gering und tritt im Feinkornbereich fast gar nicht in Erscheinung (siehe Abb. 55 und 56).

Die Höhe des Zahnes ist durch die Größe des Leitkorns festgelegt. Seine Neigung in der Umlaufrichtung beeinflußt das Einziehvermögen des Brechers. Ein vorwärts gestellter Zahn zieht die Kohle besser ein als ein rückwärts geneigter, ist aber in seiner Spitze einem größeren Verschleiß ausgesetzt und kann auch durch ein zu starkes Einziehen leicht bewirken, daß die Kohlestücke sich gegenseitig zerquetschen.

2. Zahnteilung.

Die Zahnteilung hängt in erster Linie von der Größe des gewünschten Leitkorns ab. Sie muß so sein, daß die Kohlekörper sich in den freien Zwischenraum von zwei Zähnen des gleichen Zahnrings beim Einziehen hineinlegen können. Dabei darf jedoch der Abstand zweier Zähne voneinander nicht zu groß sein, weil sonst zu viel Überkorn beim Brechen anfällt.

Bei zu enger Zahnteilung leidet das Einziehvermögen und damit auch die Durchsatzleistung, weil die Stücke zu lange auf den Walzen herumspringen. Im praktischen Betrieb führt dies meist zu einer Verstopfung des Brechers. Eine sehr große Zahnteilung ergibt dagegen zu wenig Zähne und ermöglicht nur eine geringe Brecharbeit, wodurch zugleich die Durchsatzleistung absinkt.

Die Zähnezahl bemißt man vielfach zu $4\,n - 2$,[49] um mit dem gleichen Zahnringmodell auf einen Walzenkern mit 2 oder 4 Leisten die Zähne um eine halbe Zahnteilung versetzt anordnen zu können.

3. Zahnringabstand.

Der Zahnringabstand muß so bemessen sein, daß die aufgegebenen Stücke auch wirklich an 3 bis höchstens 4 Punkten von den Zahnspitzen erfaßt und zersprengt werden können; auch dürfen die kleineren Stücke sich nicht zwischen die Flanken von zwei benachbarten Zähnen einklemmen und dann von dem gegenüberliegenden Zahn dazwischen zerdrückt werden.

Anderseits bedingt der Zahnringabstand auch die Größe des Leitkorns. Wird er mit Rücksicht auf ein kleineres Leitkorn eng gehalten, so werden aus den Aufgabestücken viele einzelne Scheiben herausgespalten, wobei das Verhältnis von der zu durchschlagenden Kohlefläche zu der Scheibendicke ungünstig ist und einen zu hohen Feinkohlenanteil entstehen läßt. Die so erzeugten Kohlescheiben sind in ihrem Gefüge erschüttert und werden im weiteren Durchgang durch den Brecher durch verschiedene Beanspruchungen weiter zerkleinert, zermahlen und zerdrückt.

Der Zahnringabstand ist also für die Begrenzung des Zerkleinerungsgrades von wesentlicher Bedeutung.

Die Körnungsergebnisse in Abb. 57 lassen erkennen, daß der Einfluß des Zahnringabstandes bei sehr geringer Spaltbreite weniger, bei sehr großer Spaltweite mehr zutage tritt. Da die günstigste Einstellung der Zahnringbreite innerhalb der Werte von Abb. 57 liegt, so wird sich eine größere Veränderung des Zahnringabstandes nach oben oder unten in einem viel stärkeren Maße auswirken.

4. Kleine Zwischenrippen.

Während die Zähne gewöhnlich einzeln auf dem Walzengrund sitzen, können sie auch durch eine kleine Zwischenrippe in der Umlaufrichtung der Walze miteinander verbunden werden. Hierdurch wird die Festigkeit der einzelnen Zähne gesteigert; zugleich werden die durch den Brechdruck auf den Zahngrund ausgeübten Biegungs-

[49] n ergibt sich aus dem Walzendurchmesser und der erforderlichen Zahnteilung. Für einen Würfelkohlenbrecher wird n meist zu 5 oder 6 gewählt.

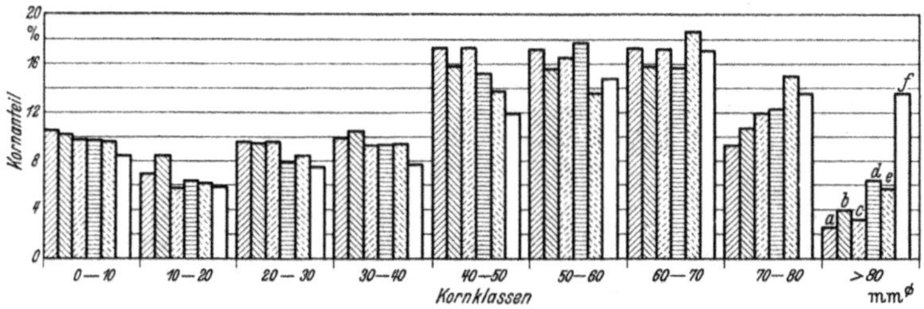

Abb. 57. Einfluß des Zahnringabstands bei verschiedenen Spaltweiten auf die Kornverteilung. Weiche grubenfrische Kohle „B“. Aufgabekörnung: 100—150 mm. Mittleres Aufgabestückgewicht: 775—1000 g.

Körnungsbild	a	b	c	d	e	f
Zahnringabstand	85	95	85	95	85	95
Spalt	95	95	100	100	105	105

kräfte gut abgefangen. Die Zwischenrippen beeinflussen den Brechvorgang ganz beträchtlich. Die Kohlestücke liegen beim Einziehen und ersten Zerspalten nicht auf dem Walzengrund, sondern auf den Schneiden von zwei benachbarten Brechrippen auf und können so gut von den Zahnspitzen zersprengt werden, ohne daß an einer Stelle reiner Flächendruck entstehen kann. Für die zerkleinerten Restkörper werden durch die Zwischenrippen getrennte Brechkanäle geschaffen, in denen sie vor gegenseitigem Zerquetschen geschützt sind.

Stücke, die von den Zahnspitzen noch nicht genügend zersprengt worden sind, werden dann von den Schneiden der Zwischenrippen zerspalten. Das Einziehvermögen des Brechers wird durch die Zwischenrippen nicht merklich beeinflußt. Ferner ermöglichen die Zwischenrippen bei ungefähr gleichem Leitkorn eine weitere Spaltstellung. Nachteilig ist jedoch, daß die Zwischenrippen in gewissem Umfang die Bewegungsfreiheit der Kohlekörper stören, so daß sie den Sprengkräften weniger elastisch ausweichen können.

5. Kleine Zwischenzähne und Brechrippen.

Zwischen die großen Zähne, die auf den beiden Walzen in der Achsenrichtung versetzt angebracht sind, so daß jeweils Zahn auf Lücke steht, können auch noch kleine Zähne eingereiht werden. Die Zahnringe mit den kleinen Zähnen liegen dabei so zwischen den anderen, daß sich immer ein großer Zahn auf der einen Walze einem kleinen Zahn auf der anderen Walze unmittelbar oder um eine halbe Zahnteilung verdreht gegenübersteht, und daß sich ferner bei jeder Walze große und kleine Zahnreihen abwechseln.

Diese Anordnung wirkt sich auf den Brechvorgang in der Weise aus, daß die Kohle besser eingezogen, aber auch mehr zerkleinert wird. Die kleinen Zwischenzähne bilden für die Kohlekörper, die mit einer Kante oder Ecke zwischen die großen Zähne hineinfallen, ein Gegenlager. Infolgedessen können diese Stücke, wenn sie von den großen Zähnen erfaßt werden, nicht mehr nach oben wegspringen.

Das eigentliche erste Zersprengen der Stücke wird von den kleinen Zwischenzähnen wenig beeinflußt, da es ja außerhalb ihres Bereichs von den Spitzen der großen Zähne ausgeht. Die so vorgebrochenen Restkörper werden von den kleinen Zähnen in ihrer Bewegung in den Zahnlücken gehemmt und in ihrer nach dem Berstdruck eingenommenen Lage festgehalten. Wenn sich die Zähne bei Drehung der Walzen von der Einzugsstelle zum engsten Spalt einander nähern, werden die Kohlekörper zwischen den kleinen Zähnen und den Flanken der großen Zähne stark nachzertrümmert. Dies geschieht ohne Schlagwirkung, so daß viel Feinkorn und kleinere Sorten anfallen.

Den gleichen Einfluß wie die kleinen Zwischenzähne üben auch kleine steilgehaltene Brechrippen aus, die an Stelle der Zwischenzähne über den Walzenumfang angeordnet werden. Wählt man diese Zwischenrippen niedrig und gibt man ihnen einen sehr flachen Anstieg, so daß die Kohle sich in der Achsenrichtung leicht von einer Zahnreihe zur anderen in den Lücken über diese Brechrücken bewegen kann, so verschwindet der nachteilige Einfluß. Es bleibt nur noch die ursprünglich beabsichtigte Wirkung, die Verhinderung von Flächendruck am Walzengrund durch die Schneiden der kleinen Brechrücken.

Zusammenfassend kann gesagt werden: Es ist nicht möglich, durch Anordnung kleiner Zwischenzähne oder Zwischenrippen das Körnungsband so zu gestalten, daß bei einem hohen Anteil der Körnung von 40—70 mm auch ein ähnlich starker Anfall in der Kornklasse von 25 bis 40 mm bei geringem Anteil unter 25 mm und über 70 mm erzeugt wird. Der Anteil unter 25 mm, besonders der von 0—10 mm, steigt vielmehr erheblich an — und zwar auf Kosten der Körnung der 70 mm —, während sich die zwischenliegenden Sollkornklassen nur wenig anreichern.

6. Fang- und Greifzähne.

Statt einer verhältnismäßig großen Verzahnung mit kleinen Zwischenzähnen kann man auch den umgekehrten Weg gehen. Man wählt dabei eine kleinere und engere Zahnausbildung und sieht auf jeder zweiten oder dritten Zahnreihe 3—6 größere Fang- oder Greifzähne über den Umfang vor. Die Ausführung der Brechzähne wird also nur auf das verlangte Leitkorn abgestimmt; Dabei wird mit in Kauf genommen, daß größere Stücke nicht unmittelbar eingezogen werden, sondern erst etwas auf den Walzen tanzen, bevor sie von einem großen Greifzahn erfaßt und eingezogen werden.

Mit dieser Anordnung läßt sich vorzerkleinerte Kohle, die keine erheblichen Größenunterschiede in ihrer Ausgangskörnung aufweist, verhältnismäßig schonungsvoll brechen. Solange die Fangzähne nur wenig größer als die Brechzähne sind, haben sie keinen ungünstigen Einfluß. Nur läßt sich bei sehr großen Fangzähnen das Körnungsergebnis nicht mehr durch einen enger gestellten Spalt verändern und nach den kleineren Sorten verlagern.

7. Zahnstellung zueinander.

Die Zahnstellung kann nur in Abhängigkeit von den vorgenannten Kenngrößen betrachtet werden. Grundsätzlich sind zwei Anordnungen zu unterscheiden: Die Zähne stehen auf der Walze entweder in Richtung der Achse in einer Flucht, oder sie sind jeweils um einen bestimmten Betrag der Zahnteilung versetzt.

In einer Flucht angeordnete Zähne vermögen die Kohlestücke besser einzuziehen. Allerdings besteht dabei die Gefahr, daß Kohlekörper sich zwischen zwei benachbarten Zähnen einklemmen und von einem gegenüberliegenden Zahn der anderen Walze zwischen den beiderseitigen Zahnflanken zerdrückt werden.

Die versetzte Zahnstellung besitzt ein geringeres Einziehvermögen, weil sich die Kohle nicht bequem in die einzelnen Trichter zwischen den Zähnen einschieben kann (siehe Beschreibung des Einwalzenbrechers). Sie bietet aber den vorgebrochenen Restkörpern eine größere Beweglichkeit in den Zahnlücken und verringert so die ungünstig verlaufende Nachzerkleinerung. Demgegenüber wird bei der versetzten Anordnung ein höherer Anteil an Überkorn erzeugt, was in manchen Fällen unzweckmäßig ist. Bei der versetzten Zahnstellung kann die Zahnbewegung zueinander auf beiden Walzen beliebig sein, bei in Reihe angeordneten Zähnen muß sie jedoch so gestaltet werden, daß die Zahnflucht der einen Walze vor der der anderen um eine halbe Zahnteilung vorauseilt. Läßt man die Zähne im engsten Spalt überlappen, so entsteht an dieser Stelle im Brecher viel Feinkorn. Dies kommt daher, daß sich zwischen zwei einander benachbart entgegenlaufenden Zahnflanken der beiden Walzen die Kohle nochmals einklemmt und unter Mahlwirkung weiter zerquetscht wird. In der nachfolgenden großen Mulde können größere Restkörper unbeansprucht den engsten Spalt durchlaufen; sie erscheinen im Siebergebnis dann als Überkorn.

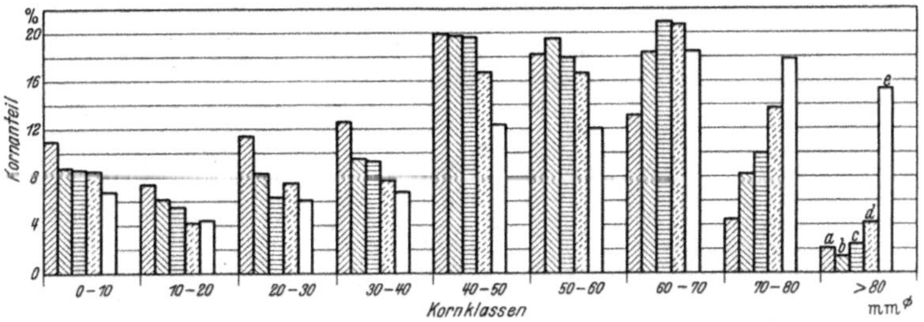

Abb. 58. Einfluß der Spaltweite auf die Kornverteilung. Sehr harte grubenfrische Kohle „D". Aufgabekörnung: 100—150 mm.

Körnungsbild	a	b	c	d	e
Spalt mm	85	90	95	100	105

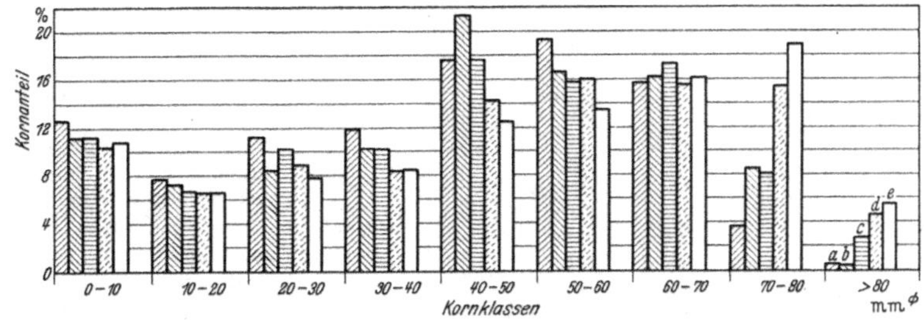

Abb. 59. Einfluß der Spaltweite auf die Kornverteilung. Mittelharte, in ihrer Härte sehr unterschiedliche grubenfrische Kohle „A". Aufgabekörnung: 100—150 mm.

Körnungsbild	a	b	c	d	e
Spalt mm	90	95	100	105	110

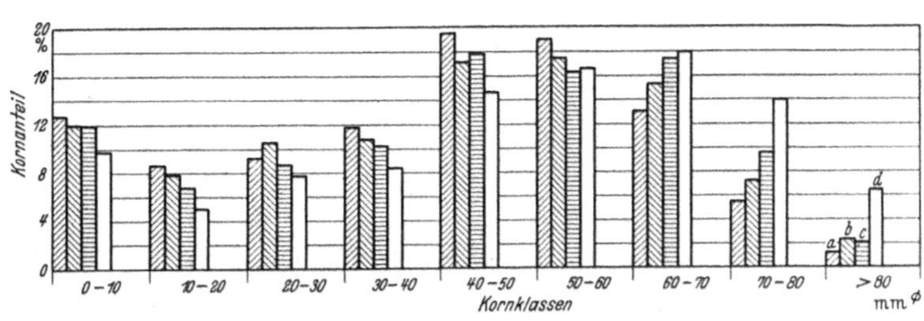

Abb. 60. Einfluß der Spaltweite auf die Kornverteilung. Weiche, grubenfrische Kohle „C I". Aufgabenkörnung: 100—150 mm.

Körnungsbild	a	b	c	d
Spalt mm	90	95	100	105

8. Walzendurchmesser.

Der Walzendurchmesser spielt nicht eine so wichtige Rolle wie die Zahnausbildung und Anordnung. Er ist so zu bestimmen, daß die Verzahnung die gegebenen Aufgabestücke glatt einziehen kann, ohne daß sich der Brecher verstopft. Werden die Werte für Zahnhöhe, Zahnteilung, Zahnringabstand und Spalt klein gewählt, so muß der Walzendurchmesser größer gehalten sein, als wenn diese vier Kenngrößen höher bemessen sind. Soll eine gewisse Nachzerkleinerung stattfinden, so wird zweckmäßig auch ein größerer Walzendurchmesser vorgesehen, während er bei einem reinen Zersprengen der Kohle nur durch die Zahnspitzen kleiner sein kann. Um Stücke von 150—200 mm noch einwandfrei einziehen zu können, ist je nach der Verzahnung ein Walzendurchmesser von 600—750 mm erforderlich.

9. Spaltweite.

Von allen Einflüssen auf den Brechvorgang kommt die größte Bedeutung der Spaltweite zu. Schon eine geringe Veränderung, die an einem Brecher leicht ausführbar ist, ergibt eine deutliche Verlagerung des Körnungsbilds. Bei einem engen Spalt können die Zähne wirkungsvoll aufspalten, während bei einem weiten Spalt die Kohle nur an weit auseinander gerückten Angriffspunkten von den Zahnspitzen getroffen und so nur nach wenig Spaltflächen zersprengt wird.

Wichtiger als für das erste Aufspalten ist die Spaltweite für das Nachzerkleinern durch das Näherrücken der Zähne bei der weiteren Walzendrehung. Bei einem engen Spalt ist die Strecke vom Einziehen der Kohle bis zum Herausfallen aus den Zahnlücken erheblich länger als bei weitem Spalt. Auch sind die freien Zwischenräume zwischen den Zähnen kleiner, so daß die Beweglichkeit der Restkörper, vor allem nach den Seiten, eingeschränkt ist und viele Stücke in einer ungünstigen Lage zwischen den Zahnflanken der einen Walze und dem Walzengrund der anderen zu Feinkorn zerdrückt werden. Bei einem weiten Spalt ist die Spanne zwischen dem Zerspalten und dem Herausfallen der Kohle aus dem Brecher kleiner. Die Zwischenräume sind größer, und die bereits genügend gebrochenen Restkörper können daher ohne weitere Nachbeanspruchung durch Mahlen, Quetschen und Zerdrücken den Brecher durchlaufen.

Wie aus Abb. 58, 59 und 60 ersichtlich ist, verschiebt sich das Körnungsband bereits bei einer Veränderung des Walzenspalts um 5 mm beträchtlich. Alle Kornklassen unter 60 mm nehmen bei weiterem Spalt anteilmäßig ab, während die Körnung über 60 mm entsprechend anwächst. Abb. 61 läßt erkennen, daß der Anteil der Körnung von 40—70 mm bei einer bestimmten Spaltweite, im vorliegenden Falle bei 95 mm, seinen Höchstwert erreicht,

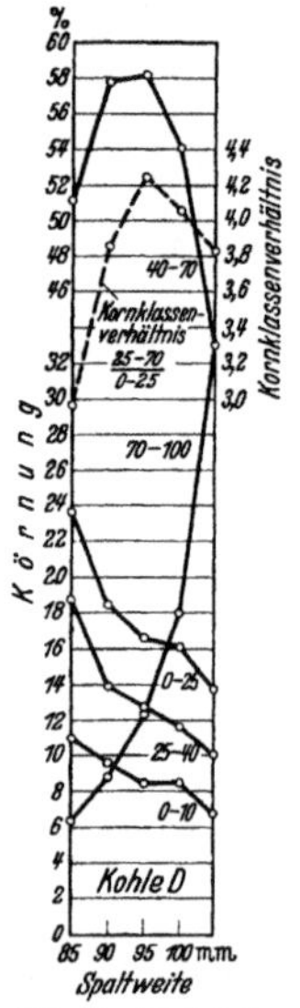

Abb. 61. Einfluß der Spaltweite auf die Kornverteilung. Aufgabekörnung: 100—150 mm.

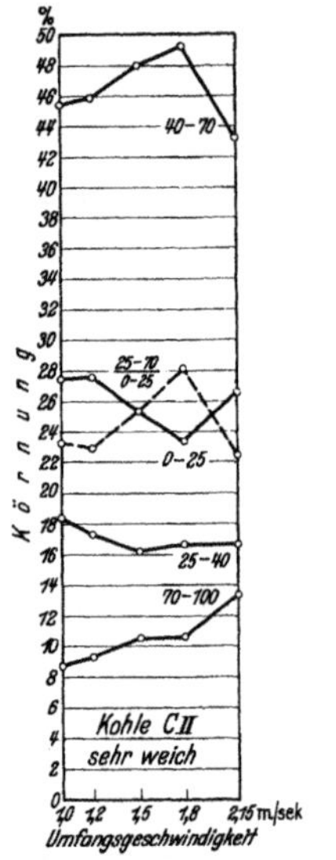

Abb. 62. Einfluß der Umfangsgeschwindigkeit der Zahnwalzen auf die Kornverteilung. Aufgabekörnung: 100—150—180 mm. Stückgewicht im Mittel: 1070—1100 g.

und daß bei noch enger gestelltem Spalt ein Teil dieser Körnung durch den Einfluß der Zahnflanken und des Walzengrundes weiter in kleinere Kornsorten zerdrückt wird. Der steile Anstieg des Überkorns über 70 mm und

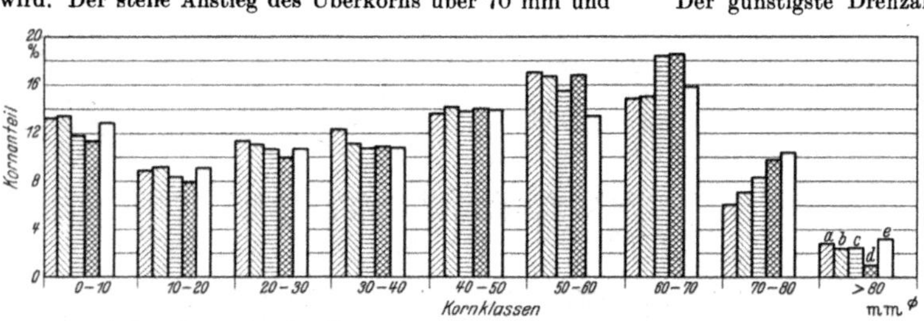

Abb. 63. Einfluß der Umfangsgeschwindigkeit der Zahnwalzen auf die Kornverteilung Gleiche Brecherstellung. U in m/sec. bezogen auf die Zahnspitzen.

Körnungsbild	a	b	c	d	e
U m/sec.	1,0	1,2	1.5	1,8	2,15

Sehr weiche, grubenfrische Kohle „C II". (Läßt sich bereits von Hand brechen). Aufgabekörnung: 100—150—180 mm. Mittleres Stückgewicht: 1070—1100 g.

der Abfall der Körnung 40—70 mm bei Veränderung des Spalts von 100 auf 105 mm zeigen, daß von einer gewissen Spaltweite ab viele Stücke nur noch wenig oder gar nicht beansprucht durch den Brecher gehen.

Das gleiche Bestreben erweist sich an der gestrichelten Kurve für das Kornklassenverhältnis. Es erreicht bei einem Spalt von 95 mm seinen günstigsten Wert und verschlechtert sich bei einem größeren und vor allem einem engeren Spalt erheblich. Dieser Abhängigkeit liegt jedoch immer eine bestimmte Einstellung der Brechkenngrößen zugrunde, während der allgemeine Verlauf der verschiedenen Körnungskurven grundsätzlich auch für jeden Zweiwalzenbrecher gilt.

10. Walzendrehzahl.

Die Schlagwucht wird durch die Umfangsgeschwindigkeit der Walzen bestimmt. Sie hängt in erster Linie von der Stückgröße und der Zusammensetzung des Gefüges der ausgegebenen Kohle ab. Ist die Schlagwucht zu gering, so können die Zahnspitzen die Kohle nicht genügend zerschlagen; die Restkörper bleiben dann zu groß und werden zwischen den Zahnflanken und dem Walzengrund auf Flächendruck beansprucht und somit ungünstig weiterzerkleinert. Wird dagegen ein zu kräftiger Schlag geführt, so zertrümmern die Zähne die Kohle im ersten Abschnitt des Brechvorgangs zu stark, wobei sich viel Feinkorn und Staub bildet. Anderseits wird die Kohle dann überhaupt nicht oder nur wenig durch die Zahnflanken und den Walzengrund nachbeansprucht; denn sie wird von den Zähnen zu schnell zwischen den Walzen hindurchgerissen, und es bleibt keine Zeit zu einem langsam wirkenden Flächendruck.

Dieser Einfluß der Umfangsgeschwindigkeit ist aus Abb. 62 und 63 ersichtlich. Besonders in Abb. 62 tritt der Unterschied im Körnungsverlauf stark hervor. Dies ist aber darauf zurückzuführen, daß nur Stücke von fast gleichem Gewicht aufgegeben wurden, was ja im praktischen Betrieb kaum vorkommt.

Demgemäß ist die Walzendrehzahl zu wählen, bei der die Kohle gerade noch hinreichend von den Spitzen der Zähne zersprengt wird, ohne daß sich zu viel Feinkohle bildet und eine wesentliche Nachbeanspruchung stattfindet. Da die Zerkleinerungsarbeit von der Aufgabestückgröße abhängt, muß die Walzendrehzahl bei kleinerer Aufgabekörnung entsprechend niedriger gehalten werden. Außerdem steht die Walzendrehzahl in unmittelbarem Zusammenhang mit der Durchsatzleistung des Brechers insofern, als eine niedrige Walzendrehzahl bei gleicher Durchsatzleistung die spezifische Beaufschlagung des Brechers steigern und damit den Körnungsanfall verschlechtern würde.

Der günstigste Drehzahlbereich für das Nachbrechen von Mittelsorten liegt je nach der Aufgabekorngröße und der Gefügeart der Kohle zwischen 1,2 und 1,8 m/s[50]. Dabei gilt der obere Wert für eine harte Kohle mit der Aufgabekörnung von etwa 100—180 mm und einem Einzelgewicht von etwa 800 bis 1100 g, der untere Wert für eine weichere Kohle mit der Körnung 70—100 mm und einem Stückgewicht von etwa 300—400 g.

11. Aufgabekorngröße.

Während die einzelnen Kornklassen eines Brechergebnisses auf Zehntelprozent oder manchmal auch auf Hundertstelprozent genau berechnet sind, wird die aufgegebene Körnung meist nur als Stückkohle oder Würfel-

[50] F. J. G. Duck, 10000 Tests Charted to Guide Preparation. Coal Age, Dezember 1927, S. 327/328.

kohle ohne nähere Größen- und Gewichtsbezeichnungen und im günstigsten Falle als Stücke über 120 mm oder Würfelkohle von 70—130 mm angegeben. Legt man eine Kornklasse außer nach den äußeren Abmessungen der einzelnen Kohlekörper auch nach ihrem Gewicht fest, so ergibt sich, daß zum Beispiel in der Kornklasse von 70—130 mm Körper mit knapp über 70 mm und einem Gewicht von 160—180 g und solche mit knapp unter 130 mm und einem Gewicht von 750—850 g enthalten sind (siehe Zahlentafel 9). Aus diesem vier- bis fünffachen Gewichtsunterschied ergibt sich ein ungünstiger Einfluß

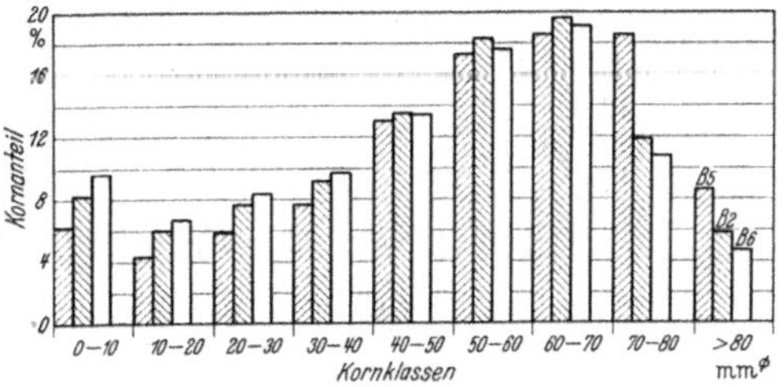

Abb. 64. Einfluß der Aufgabestückgröße auf die Kornverteilung. Gleiche Brecherstellung. Harte, grubenfrische Kohle „E".

Körnungsbild	Aufgabekörnung		
B 5 . . .	70–100 mm	365 g	mittleres Stückgewicht
B 2 . . .	100–150 mm	900 g	„ „
B 6 . . .	150–250 mm	1725 g	„ „

auf das Brechergebnis, wie aus Abb. 64, 65, 66 und 67 hervorgeht. Es handelt sich hierbei um zwei Versuchsreihen, solche mit harter und mit weicherer Kohle. Die Brechereinstellung war für jede Reihe vollkommen gleich, für beide Kohlenarten jedoch entsprechend ihrer Härte verschieden. Lediglich das mittlere Stückgewicht der Aufgabekörnung war verändert worden. Die Ergebnisse lassen erkennen, daß die Leitkörnung von 40—70 mm,

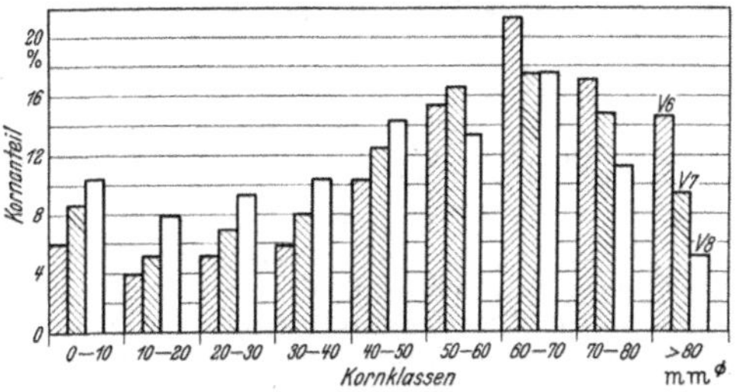

Abb. 65. Einfluß der Aufgabestückgröße auf die Kornverteilung. Gleiche Brecherstellung. Weiche, grubenfrische Kohle „B".

Körnungsbild	Aufgabekörnung		
V 6 . . .	70–100 mm	330 g	mittleres Stückgewicht
V 7 . . .	100–130 mm	755 g	„ „
V 8 . . .	130–250 mm	1160 g	„ „

die etwa die Hälfte des ganzen Durchsatzes ausmacht, nur sehr geringen Veränderungen unterliegt, während die Kornklasse über 70 mm mit steigendem Stückgewicht erheblich abfällt und die der kleineren Sorten von 0—25 mm und von 25—40 mm entsprechend anwächst. Das Kornklassenverhältnis verschlechtert sich mit höherem Stückgewicht, weil mehr Spaltflächen nötig sind. Bei den Werten für die kleinste Aufgabekörnung von 330 bzw. 365 g je Stück ist zu beachten, daß ein gewisser Anteil nicht mehr im Brecher zerkleinert wird, sondern fast unbeansprucht hindurchgeht.

Um die Kenngrößen, vor allem die Walzendrehzahl, gut auf die Aufgabekörnung abstimmen zu können, muß man diese möglichst eng begrenzen. Bei der Beurteilung von Brechergebnissen ist es zweckmäßig, außer der Bezeichnung der aufgegebenen Kornklassen in Millimeter auch noch das mittlere Stückgewicht mit in Betracht zu ziehen. Für die einzelnen Kornsorten des gebrochenen Gutes ist diese Gewichtsangabe nicht so nötig, wei lder Unterschied im Gewicht bei kleingehaltenen Siebsprüngen nur noch 10 bis 25 % beträgt und daher vernachlässigt werden kann[51].

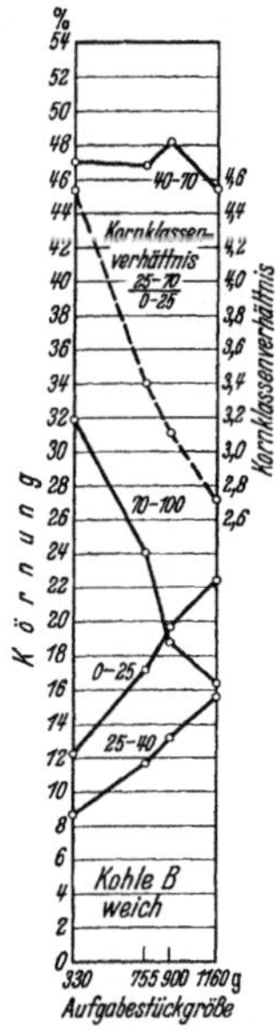

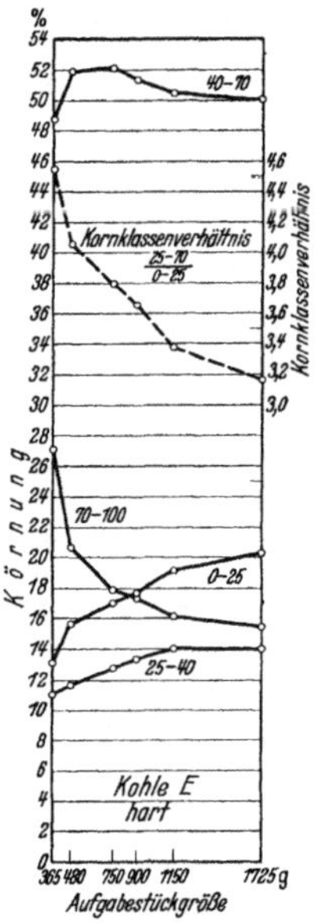

Abb. 66. Weiche, grubenfrische Kohle „B". Abb. 67. Harte, grubenfrische Kohle „E".
Einfluß der Aufgabestückgröße auf die Kornverteilung.

12. Zerkleinerungsgrad.

Der Zerkleinerungsgrad ist, wie vorstehend festgestellt worden ist, kein eng und eindeutig umrissener Wert, da ja bei seiner Bestimmung für die Aufgabekorngröße ein zu weiter Siebsprung zugrunde gelegt ist.

Da die Kohle bei einer einmaligen Beanspruchung nur in zwei bis höchstens vier Restkörper zersprengt wird, und in einem Zweiwalzenbrecher nur das erste Zerschlagen unter günstigen Umständen vor sich geht, bedingt ein niedriger Zerkleinerungsgrad, daß dieses zweckmäßige Brechen gerade voll ausgenutzt werden kann. Ein hoher Zerkleinerungsgrad führt zwangsläufig dazu, die ungünstiger verlaufende Nachzerkleinerung im dritten Abschnitt des Brechvorgangs stärker mit heranzuziehen. Dies läßt sich deutlich aus Abb. 67 ableiten. Der Einfluß der Aufgabekörnung kann dem des Zerkleinerungsgrads gleichgesetzt werden, da ja das Leitkorn unveränderlich gehalten wird[52].

Bei einem hohen Zerkleinerungsgrad sinkt der Anteil des Überkorns und des oberen Sollkorns stark ab; im gleichen Maße wachsen die kleineren Kornklassen.

Brechergebnisse, bei denen weder die Aufgabekörnung noch der Zerkleinerungsgrad näher bezeichnet sind, lassen sich für eine vergleichende Beurteilung nicht mit genügender Sicherheit heranziehen.

[51] Anderson, Coal Crushing Equipment. Iron Coal Tr. Rev., 4. März 1938.

[52] The Breaking of Coal. Iron Coal Tr. Rev., Januar 1937, S. 12.

13. Durchsatzleistung.

Es gibt für jeden Brecher eine bestimmte spezifische Beaufschlagung mit Kohle, bei der sich die einzelnen Restkörper in den Zahnlücken noch genügend frei verlagern können, ohne sich gegenseitig zu behindern oder sogar durch Druckwirkung plastisch zu verändern. Die Größe dieser Beaufschlagung hängt von der ganzen Anordnung der Verzahnung und von der Abstimmung der übrigen Brechkenngrößen ab. Setzt man die Durchsatzleistung in ein Verhältnis zu der Luftsäule, die bei der gegebenen Spaltweite und Walzendrehzahl unter Vernachlässigung des Zahnquerschnitts zwischen den Walzen hindurchgeht, so erhält man die Beaufschlagung des Brecherspalts.

Wie aus Abb. 68 und 47 hervorgeht, bleibt das Körnungsbild bis zu einer gründlichen Durchsatzleistung von etwa 50—51 t von der Leistung unbeeinflußt. Die Beaufschlagung mit Kohle beträgt bei diesem Wert 13—13,5 % des gesamten durch den Spalt durchtretenden Volumens. Bei stoßartiger Belastung kann diese spezifische Beaufschlagung bis auf 22—23 % gesteigert werden, ohne daß der Brecher sich verstopft. Hierbei muß jedoch ein Anstieg von 13,85 auf 17,1 % in den feineren Körnungen zwischen 0 und 25 mm in Kauf genommen werden.

Das ganze Körnungsbild verändert sich also mit steigernder Durchsatzleistung in der Weise, daß der Anteil an Feinkohle stark, der an Mittelkorn wenig anwächst und das Überkorn um den ganzen Betrag wieder abnimmt (siehe Abb. 47). Es ist zu erkennen, daß die Kohle bei höherer Durchsatzleistung im dritten Abschnitt des Brechvorgangs stärker nachzerkleinert wird. In gleicher Weise ist dieses Bestreben aus dem Verlauf der Kurve des Kornklassenverhältnisses zu entnehmen.

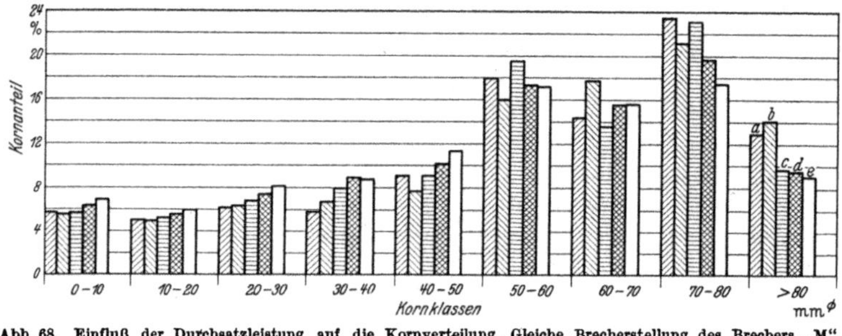

Abb. 68. Einfluß der Durchsatzleistung auf die Kornverteilung. Gleiche Brecherstellung des Brechers „M“. Arbeitsbreite: 800 mm. Mittelharte Kohle „A I“ mit starker Mattkohlenanreicherung. Aufgabekörnung: 70 bis 130 mm, mit vorwiegend 70—100 mm.

Körnungsbild	a	b	c	d	e
Durchsatzleistung t/h	35	51	56	65	85

C. Verhalten von verschieden harten und spaltfähigen Kohlenarten.

Aus einem Vergleich der Abb. 66 und 67 ist ersichtlich, daß die feineren Kornklassen unter 25 mm mit zunehmender Aufgabegröße bei weicher Kohle viel stärker auftreten als bei harter Kohle. Demgemäß muß für weiche Kohle ein geringerer Zerkleinerungsgrad gewählt werden als für harte Kohle. Wie die physikalischen Versuche zeigten, wird zum Brechen von weicher Streifenkohle nur die Hälfte der Kräfte benötigt, die bei harter Mattkohle erforderlich sind. Eine weiche Kohle muß also mit einer niedrigeren Walzendrehzahl im Brecher gebrochen werden. Sie wird bei gleicher Brechereinstellung viel stärker gebrochen als eine harte, wie Abb. 69 zeigt. Das ganze Körnungsband verschiebt sich bei der weichen Kohle mehr nach den kleineren Sorten, wogegen bei harter Kohl der höhere Anteil in den oberen Grenzkörnungen liegt Dies ist darin begründet, daß eine harte Kohle bei einen Schlag meist nur in zwei bis drei Restkörper zerfällt wohingegen eine weiche Kohle schon bei einer viel niedrigeren Schlagbeanspruchung in 3—4 und auch mehr Stück zerschlagen wird. Auch ist eine weiche Kohle den ungünstigen Nachzerkleinerungsbeanspruchungen im Brecher nicht so gewachsen wie eine harte.

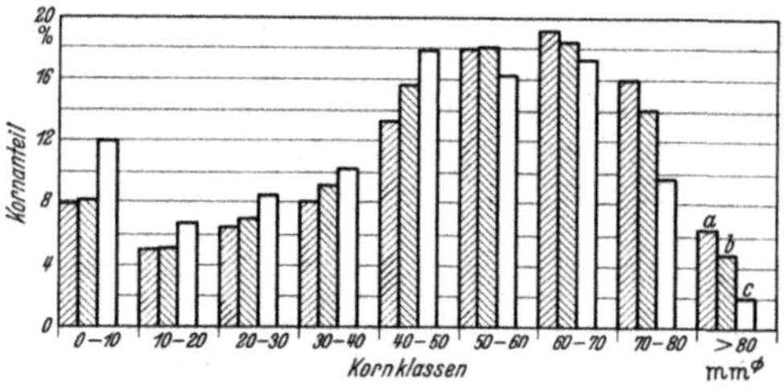

Abb. 69. Einfluß verschiedener Kohlenhärte auf die Kornverteilung. Gleiche Brecherstellung. Aufgabekörnung: 100—150 mm ⌀. Grubenfrische Kohle.
a = sehr harte Kohle „F“,
b = harte Kohle „E“,
c = weiche Kohle „C 1“.

Damit man einen etwa gleichen Feinkornanteil erhält, müssen die von den Zähnen beanspruchten Flächen bei weicher Kohle kleiner und weiter auseinandergerückt sein, d. h. die Zähne dürfen nicht zu weit ineinandergreifen. Anderseits ist ganz besonderer Wert darauf zu legen, daß Flächendrücke möglichst vermieden werden. Daher darf bei weicher Kohle nicht die Zahnhöhe verringert, vielmehr muß der Spalt weiter gestellt werden (siehe Abb. 70).

Der Zahnringabstand hängt hauptsächlich von der Aufgabegröße und weniger von der Härte der Kohle ab. Er darf besonders bei weicher Kohle nicht so groß bemessen werden, daß die Dreipunktberührung der Angriffspunkte verloren geht und dadurch ungenügend gebrochene Körper zwischen den seitlichen Zahnflanken zerquetscht werden. Bei gleicher Brecherstellung kann es vorkommen, daß in der gewünschten Sollkörnung bei weicher Kohle

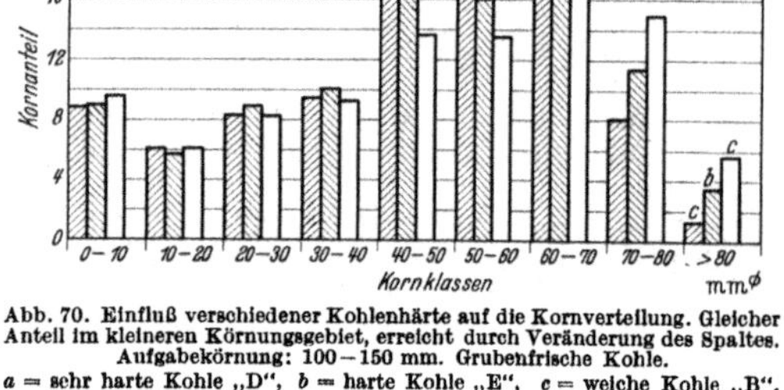

Abb. 70. Einfluß verschiedener Kohlenhärte auf die Kornverteilung. Gleicher Anteil im kleineren Körnungsgebiet, erreicht durch Veränderung des Spaltes. Aufgabekörnung: 100—150 mm. Grubenfrische Kohle.
a = sehr harte Kohle „D“, *b* = harte Kohle „E“, *c* = weiche Kohle „B“.

Körnungsbild	a	b	c
Spalt	90	95	105

ein höherer Prozentsatz anfällt als bei harter Kohle; nur ist entsprechend der Anteil des Feinkorns höher und der des Überkorns niedriger.

Die eigentliche Zahnform ist auf das Brechen mehr deshalb von Einfluß, weil die Abstände der Angriffspunkte und die freien Zwischenräume eine Veränderung erfahren. Auf die Zahnform wirkt sich die Kohlenhärte weniger aus. Bei weicher Kohle kann der ganze Zahn, vor allem seine Spitze und vordere Schneide, schmaler gehalten werden, weil nur geringe Kräfte zum Zerspalten aufzuwenden sind. Bei harter Kohle muß dagegen berücksichtigt werden, daß die Flächenbeanspruchung für den Zahn nicht zu groß wird und kein vorzeitiger Verschleiß des Zahnes eintritt. Ein abgenutzter Zahn hat auf das erste Aufspalten der Kohle eine sehr ungünstige Wirkung.

Eine etwa vorhandene Zwischenrippe muß bei weicher Kohle niedriger sein und eine schmalere Schneide erhalten als bei härterer Kohle, weil die weichere Kohle schon beim ersten Zersprengen besser zerkleinert wird als die harte.

Die Durchsatzleistung kann bei harter Kohle gegenüber weicher nur wenig gesteigert werden. Denn der geringeren Empfindlichkeit gegen Flächendruck von harter Kohle steht ihre schwerere Spaltbarkeit entgegen. Es wird deshalb zweckmäßig mit der gleichen Beaufschlagung gerechnet. Die Durchsatzleistung kann also nur mit einer höheren Walzendrehzahl gesteigert werden.

D. Art der Abstimmung der einzelnen Kenngrößen bei dem regelfähigen Brechen.

Zunächst sind die gegebene Kohlenart und die verlangte Leitkornklasse festzulegen. Aus dem zulässigen Zerkleinerungsgrad bestimmt sich die Aufgabekorngröße. Da diese jedoch besonders beim Brechen von Mittelgut vielfach bereits festliegt, muß entweder, wenn sich daraus ein zu großer Zerkleinerungsgrad ableiten würde, der Brechvorgang auf zwei verschiedene Maschinen verteilt oder eine durch die Aufgabegröße bedingte Verschlechterung des Körnungsergebnisses hingenommen werden.

Aus den übrigen Kenngrößen lassen sich drei Hauptmerkmale herausstellen, die sich nach ihrem Einfluß auf den Brechvorgang ungefähr das Gleichgewicht halten:

1. die Walzendrehzahl;
2. die Ausbildung der Verzahnung und ihre Anordnung auf den beiden Walzen;
3. die Spaltweite.

Die Durchsatzleistung gehört in dieser Hinsicht nicht zu den eigentlichen Brechkenngrößen. Der Brecher muß eine solche Arbeitsbreite erhalten, daß die Durchsatzleistung noch innerhalb des Bereichs bleibt, in dem sie bei normaler Beschickung keinen Einfluß auf den Brechvorgang ausübt. Dadurch ist noch genügend Sicherheit gegen Verstopfen des Brechers bei stoßartiger Überbelastung gewährleistet.

Die Walzendrehzahl ist nach der Gefügeart, der Aufgabegröße und dem Zerkleinerungsgrad der Kohle festzulegen. Es ist zweckmäßig, sie nicht zu klein zu bemessen, um einen möglichst hohen Anteil der Zerkleinerungsarbeit in das erste Aufspalten durch die Zahnspitzen und dafür weniger in die Nachzerkleinerung durch die Zahnflanken und den Walzengrund zu verlegen.

Die baulichen Kenngrößen der Zahnausbildung und Anordnung können nicht einzeln für sich gewählt werden, sondern sind von der Seite der Aufgabekörnung und von der des Leitkorns gemeinsam zu betrachten. Dabei hängen die Zahnform und Größe mehr von dem Leitkorn ab, während der Walzendurchmesser und die Zahnteilung in erster Linie auf ein gutes Einziehen des Aufgabekorns abzustimmen sind. Der Zahnringabstand ist für die richtige Dreipunktberührung maßgebend und darf nur so groß sein, daß auch die kleineren Aufgabestücke an drei Stellen beansprucht werden.

Die Anordnung von kleinen Verbindungsrippen über den Umfang zwischen den einzelnen Zähnen eines Zahnrings führt immer eine gewisse Nachzerkleinerung herbei. Diese läßt sich jedoch durch richtige Ausbildung dieser Verbindungsrippen mit schmalen Schneiden und geringer Höhe noch verhältnismäßig günstig gestalten. Außerdem wird dadurch die Möglichkeit geschaffen, das erste Zersprengen der Kohle bei sehr weitem Spalt nur von den Spitzen der Zähne ausführen zu lassen. Bei einem Walzenbrecher mit derartigen Zwischenrippen kann man den Spalt um etwa 20—25 % erweitern, ohne daß ein höherer Anteil an Überkorn erzeugt wird. Kleine niedrige Brechrippen mit ganz flacher Neigung wirken sich günstig aus, weil sie die Kohlebewegung nicht behindern, anderseits aber eine gewisse Schneide auf dem Walzengrund, und zwar genau gegenüber den Brechzähnen der anderen Walze, bilden.

Die Zahnstellung und Zahnanordnung zueinander hängen von den gesamten übrigen baulichen Korngrößen ab. Ihr Einfluß läßt sich nicht allgemein, sondern jeweils nur für die bestimmte Ausbildung der Walzenverzahnung angeben. Bei einem Brecher mit Zwischenrippen sind zweckmäßig alle Zähne in eine Flucht zu setzen und die Walzen so gegeneinander in ihrem Umlauf festzulegen, daß immer eine Zahnreihe um eine halbe Zahnteilung der Zahnreihe auf der anderen Walze vorauseilt.

Die Spaltweite wird nicht unmittelbar von der Größe des Leitkorns bestimmt, denn das gebrochene Reststück soll ja möglichst frei hindurchfallen können. Die Spaltweite wird zweckmäßig im Zusammenhang mit allen anderen Brechgrößen abgestimmt, da sie ja die Kenngröße darstellt, die sich am leichtesten an einem Brecher verändern läßt. Durch Nachstellen der Spaltweite kann daher das Körnungsergebnis immer noch in gewissem Umfange berichtigt werden, wobei sich jedoch das Leitkorn auf dem Körnungsband nur wenig nach oben oder unten verschieben läßt. Jedoch ist es nicht möglich, den Spalt so weit zu verändern, daß sich eine beliebige andere Kornklasse als Leitkorn ergibt.

Die verlangte Durchsatzleistung wird nun, wenn alle übrigen Kenngrößen und Abmessungen der Walzen festliegen, aus der spezifischen Beaufschlagung des Spaltes durch eine entsprechende Arbeitsbreite des Brechers erzielt.

Abschnitt IX.

Folgerungen aus dem regelfähigen Brechen.

1. Brechen bei geringstem Feinkornanteil.

Stimmt man alle Kenngrößen so aufeinander ab, daß der ideale Brechvorgang annähernd erreicht wird, daß also die Kohle nur von den Zahnspitzen schlagartig mit einer ihrer Korngröße und Gefügeart entsprechenden Wucht zersprengt wird und praktisch keine weitere Nachbeanspruchung zwischen den Zahnflanken und dem Walzengrund oder von kleinen Zähnen oder Zwischenrippen stattfinden kann, so wird die Kohle mit einem niedrigen Zerkleinerungsgrad gebrochen. Es entsteht ein verhältnismäßig weites Körnungsband, das von 0—100 mm reicht. 25—35 % hiervon liegen in der Körnung über 70 mm, während der Anteil des Staubes und Feinkorns unter 25 mm sehr gering ist und je nach der Kohlenart etwa 15—20% beträgt. Bei einer Aufgabekorngröße von 70—130 mm kann so ein Kornklassenverhältnis von 4,55 bis 5,0 erreicht werden.

Ist für diesen hohen Anteil an Überkorn keine geregelte Absatzmöglichkeit vorhanden, so muß das Überkorn im Kreislauf dem Brecher wieder zugeführt und nochmals gebrochen werden. Man kann mit hinreichender Genauigkeit annehmen, daß dieses zweite Brechen im gleichen Körnungsverhältnis wie das erste stattfindet. Die wirkliche Nutzleistung des Brechers sinkt aber bei Anwendung eines Kreislaufs auf $^3/_4$ bis $^2/_3$ des Gesamtdurchsatzes.

2. Brechen bei größtmöglichem Ausbringen der Sollkornklasse.

Soll jedoch der Brecher nur mit einem Durchlauf arbeiten und hierbei einen möglichst kleinen Anteil an Überkorn erzeugen, so müssen die Kenngrößen des Brechers so gewählt werden, daß die Zahnspitzen die Kohle bei höherer Walzendrehzahl und engerer Zahnstellung stärker zerschlagen, und daß die Zwischenrippen und Brechrücken die Restkörper noch mehr nachzerkleinern. In diesem Falle läßt sich der Überkornanteil bis auf etwa 10% vermindern, während das übrige sich mit einem Kornklassenverhältnis von etwa 4,0—4,2% auf das Sollkorn und die feineren Körnungen verteilt. Dieses gegenüber der vorigen Einstellung etwas geringere Kornklassenverhältnis liegt darin begründet, daß jetzt die Beanspruchungsarten ungünstiger geworden sind. Das drückt sich in einem höheren Anteil an Feinkorn aus. Da der Brechvorgang gewissermaßen in ein Vorzerspalten und ein Nachzerkleinern zerlegt wird, läßt sich auch ein größerer Zerkleinerungsgrad anwenden, ohne daß hierdurch das Brechergebnis wesentlich schlechter wird.

3. Brechen auf die Sollkornklasse ohne Überkorn.

Es ist unzweckmäßig, das Körnungsband in der Weise einzuengen, daß alles Brechgut bereits in einem Durchgang nur in den Bereich der oberen Sollkornklassen, also unter 70 mm, gebrochen wird. Der Brecher muß in diesem Falle auf ein kleineres Leitkorn eingestellt werden. Dies wird durch eine entsprechend kleinere Ausführung der einzelnen Kenngrößen erreicht. Bleibt hierbei das Aufgabekorn in gleicher Größe bestehen, so wird der Zerkleinerungsgrad höher und damit das Brechergebnis ungünstiger.

Will man das Kornklassenverhältnis annähernd beibehalten, so muß der Zerkleinerungsgrad gleich bleiben und damit eine kleinere Aufgabekorngröße gewählt werden. Das erfordert eine Unterteilung des Brechvorgangs auf zwei besondere Maschinen mit verschiedener Verzahnung.

Ist dagegen ein Brecher für ein bestimmtes Leitkorn gebaut worden, und soll nachträglich das Körnungsband mehr nach den kleineren Sorten dadurch verschoben werden, daß einfach der Spalt enger gestellt wird, so sinkt das Kornklassenverhältnis des Brechers ganz erheblich.

Die gleiche ungünstige Arbeitsweise tritt auch dann ein, wenn die Brechzähne durch stärkeren Verschleiß kürzer geworden sind und die sich daraus ableitende ungenügende Zerkleinerung wieder durch einen engeren Spalt ausgeglichen werden solll.

4. Unterschiedliche Merkmale dieser drei Brechziele.

Abb. 46 zeigt den Körnungsverlauf von Kohle, die in einem Brecher neuer Bauart zerkleinert wurde, der die Kohle mit dem geringstmöglichen Anteil an Feinkorn brechen soll. Bei einem niedrigen Zerkleinerungsgrad wird der Körnungsanteil unter 25 mm durch Auseinanderziehen des Spaltes bis auf etwa 11% gesenkt, während gleichzeitig der Anteil von 40—70 mm eine fallende und der zwischen 70 und 100 mm eine steil ansteigende Richtung zeigt. Eine engere Stellung des Brecherspalts als 80 mm war bei der gewählten Zahnausbildung nicht möglich. Das Kornklassenverhältnis wird dabei mit breiterem Spalt besser. Es ist jedoch zu beachten, daß bei einem Spalt von 100 mm fast 50% des Durchsatzes im Überkornbereich blieben, obwohl das Aufgabegut in einer Körnung von 70—130 mm bestand.

In Abb. 61 ist die Versuchsreihe eines Brechers dargestellt, der bei hohem Zerkleinerungsgrad für ein größtmögliches Ausbringen der Mittelsorten zwischen 25 und 70 mm bei einem Hauptanteil von 40—70 mm und einem Überkornanteil von nur etwa 10% eingestellt ist.

Der Verlauf des Kornanteils von 40—70 mm wie der ähnliche des Kornklassenverhältnisses zeigt deutlich, daß ein enger Spalt das Brechergebnis erheblich verschlechtert, ohne daß jedoch der ganze Durchsatz unter 70 mm gebrochen wird. Es genügt also nicht, nur den Brecherspalt zu verringern, vielmehr müssen auch alle übrigen Kenngrößer kleiner bemessen werden, um Überkorn zu vermeiden.

Das Kornklassenverhältnis dieses Brechers wird gegenüber dem des Brechers für geringen Feinkornanteil ungünstiger, wenn der Spalt mehr auseinandergezogen wird. Dies ist darauf zurückzuführen, daß bei weiterem Spalt wohl die Spaltwirkung der Brechzähne absinkt, aber die Nachzerkleinerung zwischen Zahnflanken und Brechrippen immer noch, wenn auch im kleineren Umfange, vorhanden bleibt.

Der Höchstwert in der Kurve des Kornklassenverhältnisses bestätigt, daß ein derart abgestimmter Brecher nur eine günstigste Betriebsstellung besitzt, und daß jede nachträgliche Veränderung des Körnungsbilds nach oben und unten mit einem schlechteren Brechausfall erkauft wird.

5. Gründe für die Grenzen im Kornklassenverhältnis beim Brechen in einer Maschine.

Bei der Aufspaltung eines einzelnen Kohlekörpers von Hand oder mit einer Prüfmaschine werden die Angriffspunkte der wirkenden Kräfte und vor allem die Schlagstärke und Wucht der Größe, Form, Gefügebeschaffenheit und Festigkeit des Stückes weitgehend angepaßt. Ist der Körper so in zwei oder drei Reststücke zersprengt, aber noch nicht genügend zerkleinert, so wird die nächste Beanspruchung nicht in der ursprünglichen Richtung durchgeführt, sondern senkrecht dazu auf die größte am Restkörper vorhandene Fläche. Der Restkörper besitzt hier nur noch eine geringere Dicke als das Ausgangsstück und läßt sich viel leichter weiter spalten.

In einer Maschine findet dagegen das Brechen unter den einmal eingestellten Kenngrößen ohne Rücksicht auf die dem einzelnen Körper zukommenden Beanspruchungen statt. Ist der Brecher auf harte und feste Mattkohle und eine große Aufgabekörnung abgestimmt, so werden die mitanfallenden weicheren Bestandteile aus Streifen- oder Glanzkohle, besonders wenn sie eine kleine Anfangsgröße besitzen, zu stark beansprucht und dabei unnötig weit zertrümmert. Wird er dagegen auf eine weiche Kohlenart eingestellt, so werden die härteren Anteile nicht genügend aufgespalten; sie fallen entweder als Überkorn hindurch oder werden zwischen den Zahnflanken eingeklemmt und zerdrückt.

Je größer die Unterschiede in der Größe und Gefügeart bei der aufgegebenen Kohle sind, desto ungünstiger läßt sich die Kohle brechen. Um ein hohes Kornklassenverhältnis zu erreichen, muß angestrebt werden, eine möglichst gleichkörnige und in ihrer Festigkeit gleichmäßige Kohle in den Brecher aufzugeben und den Zerkleinerungsgrad niedrig zu halten.

Aus diesem Grunde lassen sich die Brechergebnisse bei einer Kohlenart mit einem gleichmäßigen Gefüge, zum Beispiel beim Anthrazit, wesentlich günstiger gestalten. Deshalb darf man die im englischen und amerikanischen Schrifttum[53] angegebenen Werte nicht ohne weiteres auf unsere deutschen Verhältnisse übertragen. Ein derartiger Vergleich könnte leicht zu Fehlschlüssen führen.

6. Unterschiede von Versuchs- und Betriebsbrechergebnissen.

In den meisten Fällen werden die Brechergebnisse von Vorversuchen, die die Herstellerfirmen auf ihren eigenen Versuchsständen durchführen, im praktischen Betrieb nicht erreicht. Denn auf dem Bahntransport von der Grube zum Versuchsstand und beim Abladen gehen die weicheren Bestandteile, Streifen-, Glanz- und Faserkohle, mehr als die härteren Mattkohlestücke zu Bruch. Dieser Abrieb wird vor dem Versuch herausgesiebt. Für den Versuch bleiben nur Kohlekörper übrig, die eine gleichmäßigere Beschaffenheit haben und erheblich an Mattkohle angereichert sind. Auch ist durch das Absieben ihre Stückgröße enger begrenzt worden.

Im praktischen Betrieb wird dagegen der Brecher nach der Art der an der Förderung hauptsächlich beteiligten Flöze mit einer in ihrer Festigkeit stark unterschiedlichen Kohle beschickt, wobei auch die Aufgabegröße aus mancherlei Gründen ganz verschieden ist.

Aus diesem Grunde wurden die Versuchsreihen auf eine Grubenanlage nach Oberschlesien verlegt. Besonderes Gewicht wurde darauf gelegt, daß die Kohle in ihrer ursprünglichen Zusammensetzung erhalten blieb.

Es zeigte sich dabei, daß eine als sehr weich bekannte Kohle, die mit einem außerordentlich ungünstigen Sortenanfall gefördert wird, erheblich besser gebrochen werden konnte als eine viel härtere Kohle mit einem guten Sortenanfall, die aber auch einzelne weniger harte und widerstandsfähige Stücke enthielt. Bei der erstbezeichneten Kohle wurden durch die Art des aus manchen Gründen bedingten Abbaus die ganz weichen Bestandteile ausgeschieden, so daß in der Körnung über 100 mm nur noch gleichmäßige Stücke übrig blieben.

7. Veränderungsmöglichkeiten des Körnungsausfalls an einem Betriebsbrecher.

Es ist nicht möglich, bei einem Brecher die Zahnringe beizubehalten und durch Verändern des Zahnringabstands und Spaltes oder auch noch der Walzendrehzahl den Brechvorgang so zu lenken, daß je nach Bedarf eine Körnung von 40—70 mm und eine solche von 25—40 mm als Leitkorn in hohem Maße erzeugt werden. Ein derartiger Versuch würde immer nur eine Notlösung darstellen, zumal da sich bei keiner der beiden Einstellungen wirklich gute Ergebnisse erzielen lassen und vor allem das Einziehvermögen der Zähne ungenügend bliebe.

Man wird in einem derartigen Falle zweckmäßig zwei besondere Brecher aufstellen. Der Brecher für die Sollkörnung von 40—70 mm erhält eine dem Versuchsbrecher ähnliche Zahnausbildung und kann bei weitem Spalt ein breit gehaltenes Körnungsband mit wenig Feinkorn und viel Soll- und Überkorn schaffen. Das Überkorn wird in einem zweiten Brecher aufgegeben, der eine andere kleinere Verzahnung mit Zwischenrippen und kleinen Brechrücken erhält und so eine Nachzerkleinerung herbeiführt. In diesem Brecher wird ein enges Körnungsband mit einem hohen und eng begrenzten Sollkornanteil in der Klasse von 25—40 mm erzeugt.

Wenn nur die Kornklasse von 40—70 mm verlangt wird, kann bei dem ersten Brecher durch Verengung des Spaltes noch ein größerer Teil des Überkorns auch in den Bereich des Sollkorns gezogen werden, ohne daß sich eine wesentliche Verschlechterung des Kornklassenverhältnisses ergibt.

8. Weitere Verbesserungen und Verfeinerungsvorschläge für die Ausbildung der Walzen.

Die bei dem Versuchsbrecher angewendete Zahnausbildung (siehe Abb. 50) soll nur einen Weg weisen, wie der Brechvorgang auf bestimmte Verhältnisse ausgerichtet werden kann.

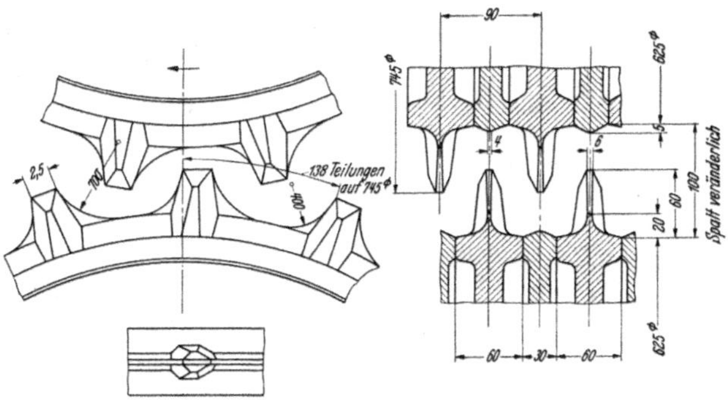

Abb. 71. Zahnausbildung. 17 Zähne auf dem Umfang.

Bei den Versuchen zeigte sich, daß es zweckmäßig sein wird, die seitlichen Zahnflanken schmaler und steiler und die Zwischenrippen ebenfalls schmaler und niedriger zu halten. Auch muß der ganze Zahn etwas zurückgeneigt sein, um so das bei dem Versuchsbrecher stark ausgeprägte Einziehen etwas abzuschwächen. Der Vorschlag für die Ausbildung und Stellung der Zähne nach Abb. 71 wird sich besonders bei weicher Kohle gut auswirken und das Brechen bei einem höheren Kornklassenverhältnis ermöglichen. Im übrigen soll im Rahmen dieser Arbeit nicht weiter auf bauliche Einzelheiten eingegangen werden.

Zusammenfassung.

Der Brechvorgang einer Maschine läßt sich nicht in der Weise einrichten, daß jedes einzelne Kohlestück an den Angriffspunkten und mit der Schlagstärke und Wucht beansprucht wird, wie es seiner Größe, Form, Gefügebeschaffenheit und Festigkeit entspricht.

Beim regelfähigen Brechen können alle Brechkenngrößen nur auf die jeweilige Kohlenart, Aufgabestückgröße und verlangte Leitkörnung scharf abgestimmt werden.

---

[53] Siehe Schrifttumsverzeichnis.

Da jedoch die Kohle als Naturerzeugnis eine sehr unterschiedliche Beschaffenheit und Festigkeit besitzt und auch in ihrer Ausgangsform und Größe nicht so eng begrenzt ist, wie es wünschenswert wäre, muß man sich immer mit einer Teillösung beim Brechen abfinden. Stellt man den Brechvorgang hauptsächlich auf die weichen Bestandteile der Kohle ein, so werden die festeren zu wenig zersprengt; sie erscheinen im Brechergebnis als Überkorn. Legt man ihn dagegen mehr für die harten Stücke aus, so werden die weicheren Stücke zu heftig zertrümmert, wobei viel Feinkorn und Staub entsteht. Wo zwischen beiden Richtungen der Bestwert für jede Kohle liegt, läßt sich nur durch wirtschaftliche Überlegungen auf Grund der bestehenden Sortenpreise ermitteln.

Brechergebnis und Kornklassenverhältnis hängen unmittelbar von dem Zerkleinerungsgrad ab. Bemißt man diesen hoch, so wird das Brechergebnis schlecht; bei niedrigem Zerkleinerungsgrad läßt es sich günstiger gestalten. Dieser nachteilige Einfluß tritt bei harten Kohlen weniger stark auf als bei weichen.

Ist ein Brecher für eine bestimmte Kohlenart, Aufgabe- und Leitkorngröße eingestellt, so kann er mit den gleichen Zahnringen nicht ein wesentlich anderes Leitkorn zustande bringen, ohne das Brechergebnis nachteilig zu beeinflussen. Werden aus den Kornklassen die weicheren Bestandteile, also Glanzkohle, durch äußere Beanspruchungen ausgeschieden, wird mithin die härtere Mattkohle angereichert, so erhält man gegenüber dem praktischen Betrieb mit frischer Förderkohle bessere Ergebnisse. Derartigen Versuchen ist deshalb mit einer gewissen Vorsicht zu begegnen. Ebensowenig lassen sich die Brechergebnisse mit einer von Natur einheitlichen Kohle wie Anthrazit mit denen von Gasflammkohlen vergleichen.

Abschnitt X.

Wirtschaftliche Betrachtungen.

1. Zusammenhang zwischen der Preisminderung der Kohle durch das Brechen und den reinen Betriebskosten des Brechens unter Zugrundelegung eines einheitlichen Preisbezugspunkts.

Die amtlichen oberschlesischen Kohlenpreise sind für die einzelnen Kornklassen nach der Korngröße gestaffelt (siehe Zahlentafel 10). Diese Abstufung wird nur von Würfel II und Nuß Ia durchbrochen, die preislich höher als die Stückkohle bewertet werden.

Da die einzelnen Kohlekörper beim Brechen kleiner werden, also in preislich niedrigere Sorten abwandern, entsteht zwischen den Preisen für die Ausgangssorten und für die einzelnen Kornsorten ein Unterschied; er soll als Preisminderung bezeichnet werden. An sich wäre es möglich, beim Brechen von Stückkohle oder Würfelkohle I zu 15,25 RM/t den Preis der gebrochenen Kohle auf gleicher Höhe zu halten oder noch zu steigern, wenn der Anteil der Kornklasse von 40—70 mm zu 15,70 RM/t in entsprechend hohem Umfang gewonnen werden könnte. Es ist also für die Zechen vorteilhaft, der Preisminderung beim Brechen dadurch zu begegnen, daß das erzeugte Körnungsband weitestgehend in die hochbewerteten Nußsorten verschoben wird und der Ausfall an kleinen billigen Sorten gering bleibt.

Außer der reinen Preisminderung sind auch noch die Betriebskosten beim Brechen zu berücksichtigen. Hierzu gehören vor allem die Ausgaben für Abschreibung der Kosten des Brechers. Weiter rechnen hierher die Aufwendungen für die Erneuerung der Zahnringe nach einem bestimmten Verschleiß. Schließlich kommen noch die Kosten für Stromverbrauch, Schmierung, Instandsetzungen, Wartung und Bedienung hinzu.

Diese Kosten lassen sich nur schwer und auch nur über einen langen Zeitraum ermitteln. Sie hängen außerdem in erster Linie von der zugrunde gelegten Lebensdauer des Brechers und seiner Zubehörteile sowie von den durchgesetzten Kohlenmengen ab.

Auf Zahlentafel 23 ist versucht worden, die Betriebskosten beim Brechen unter Einschluß der Aufwendungen für die Abschreibung zusammenzustellen und auf die Tonne gebrochener Kohle zu berechnen. Danach betragen die Kosten für einen einmaligen Durchlauf der Kohle durch den Brecher rd. 0,11 RM/t und für einen Kreislauf, bei dem etwa 30 % des gesamten Durchsatzes dem Brecher wieder zugeführt werden, rd. 0,36 RM/t. Hierbei wurden die im Bergbau üblichen Werte für die Lebensdauer der Maschinen und die sonstigen Annahmen in die Berechnung eingesetzt.

Das verhältnismäßig hohe Ansteigen der Kosten beim Kreislauf beruht darauf, daß die Kosten im Brecher von einem Durchsatz von 65 t/h herrühren, die aber nur auf die Nutzleistung von 50 t/h zu verteilen sind, und weiterhin darauf, daß sie für das Nachsieb- und Rückförderband nur auf die 15 t/h an Überkorn bezogen werden dürfen.

Bei einem kleineren Überkornanteil wachsen die Kosten des Kreislaufs je Tonne erheblich an, wohingegen sie bei einem höheren Anteil an Überkorn entsprechend sinken. Dies kommt daher, daß die Anschaffungskosten für die Maschinen, die ja den weitaus größten Kostenteil ausmachen, bei größerem oder kleinerem Überkornanteil nur wenig schwanken, während sie anderseits auf eine stark unterschiedliche Tonnenzahl bezogen werden müssen.

Die Gesamtunkosten beim Brechen setzen sich nun aus der reinen Preisminderung der Kohle und den Betriebskosten zusammen; sie sollen mit „Brechkosten" bezeichnet werden.

Wenn man den geringen Unterschied im Sortenpreis der Kohle verschiedener Grubenanlagen vernachlässigt und einen Sortenpreis hiervon als einheitlichen Bezugspreis zugrunde legt, läßt sich die Preisminderung aus dem prozentualen Anfall des Brechergebnisses einwandfrei festlegen. Dagegen können die Betriebskosten nur unter gewissen Voraussetzungen ermittelt werden. Um bei einem Vergleich der Zahlen in den Zahlentafeln 11—21 jede weitere Annahme auszuschalten, die die Beurteilung erschweren würde, ist nur die Preisminderung angegeben. Auf den Zusammenhang mit den Betriebskosten soll später eingegangen werden.

2. Preisminderung von im Zechenbetrieb gebrochener Kohle.

a) Vorbrechen von Stückkohle in einem Einwalzenbrecher.

Die Brechergebnisse eines Einwalzenbrechers in Zahlentafel 11 lassen erkennen, daß sehr harte Stückkohle sich bei einem weiten Spalt mit einer Preisminderung von nur 0,40 RM/t vorbrechen läßt. Wird der Spalt kleiner gewählt, also ein engeres Körnungsband erzeugt, so erhöht sich die Preisminderung beträchtlich, und zwar bis auf 1,08 RM/t. Hat man ein noch engeres Körnungsband, so vermindert sich, wie die Ergebnisse in Zahlentafel 12 — allerdings für einen anderen Einwalzenbrecher — zeigen, der Preis der gebrochenen Kohle nur noch wenig weiter.

Es fällt nämlich jetzt ein verhältnismäßig hoher Anteil in die am höchsten bewertete Kornklasse 40—70 mm, wodurch gegenüber der Zunahme an kleineren Sorten ein Ausgleich entsteht.

b) Nachbrechen von Würfelkohle in einem Zweiwalzenbrecher.

Zahlentafel 13 enthält die Körnungsergebnisse beim Brechen von fünf verschiedenen oberschlesischen Würfelkohlen mit der Ausgangsgröße von etwa 70—130 mm. Die Preisminderung bei sehr harter Kohle beträgt 1,76 RM/t bei einem Ausgangspreis von 15,25 RM/t und steigt bei weicher Kohle bis auf 3,27 RM/t an. Diese sehr große Preisspanne liegt hauptsächlich in der mehr oder weniger unzweckmäßigen Abstimmung des Brechers auf die verlangten Verhältnisse und dann auch in der Beschaffenheit der Kohle und der Ausführungsart der Brecheranlagen begründet.

Das fast gänzliche Fehlen der Körnung über 70 mm weist deutlich darauf hin, daß die Absatzschwierigkeit in der Würfelkörnung dazu zwang, ein sehr enges Körnungsband zu erzeugen. Selbstverständlich dürfen diese Zahlen für die Wertminderung nur mit solchen anderer Brechergebnisse verglichen werden, die ebenfalls die Kornklasse über 70 mm nicht oder nur in gleichem Umfange enthalten.

3. Preisminderung bei Verwendung eines für geringsten Feinkornanteil gebauten Brechers.

Wird ein Brecher für einen geringstmöglichen Feinkornanfall gebaut, so läßt der Körnungsverlauf bei verschiedenen Spaltstellungen des Brechers erkennen, daß die Preisminderung mit weiterem Spalt in starkem Maße kleiner wird, und daß der aus dem Brechergebnis mit weitem Spalt erreichte Kreislauf preislich günstiger ist als der bei engerem Spalt (siehe Zahlentafel 14).

Der sehr geringe Preisverlust der Kohle bei diesen Ergebnissen hat seinen Grund, abgesehen von einer günstigen Arbeitsweise des Brechers, vor allem in dem niedrigen Zerkleinerungsgrad und in einer sehr gleichmäßig beschaffenen Kohlenart (siehe Abschnitt 9, 6).

4. Preisminderung eines für klein gehaltenen Überkornanteil abgestimmten Brechers.

In Zahlentafeln 15—18 sind die Körnungsbilder von vier verschiedenen Kohlenarten dargestellt, die sämtlich mit dem Versuchsbrecher erzeugt wurden. Dieser war für einen verhältnismäßig hohen Zerkleinerungsgrad der Kohle eingestellt und sollte ein möglichst eng begrenztes Körnungsband mit nicht mehr als 10% an Überkorn liefern.

Die Ergebnisse zeigen, daß sich der Unterschied in der Spaltweite auf die Preisminderung bei harter Kohle viel weniger auswirkt als bei weicher Kohle. Danach verliert harte Kohle bei einem Kreislauf, der aus einem weiten Spalt errechnet wird, mehr im Preise als bei günstiger Spaltweite und einfachem Durchlauf. Dagegen stellt sich das Brechen von weicher Kohle bei engerem Spalt, obwohl noch ein Anteil an Überkorn vorhanden ist, viel ungünstiger im Preise, als wenn die Kohle bei weitem Spalt im Kreislauf vollkommen unter 70 mm gebrochen wird. Während die Spanne in der Preisminderung bei harter Kohle zwischen einem engen und einem weiten Spalt nur 0,28 RM/t beträgt, wächst sie bei weicher Kohle unter den gleichen Bedingungen auf 0,50 RM/t an. Ebenso nimmt die Preisminderung mit steigender Aufgabekorngröße, also höherem Zerkleinerungsgrad, bei härterer Kohle weniger zu als bei weicher Kohle, wie aus den Zahlentafeln 19 und 20 hervorgeht.

Es wird also durch einen Vergleich der Preisminderung bei verschiedenen Brecherstellungen bestätigt, daß harte Kohle eher in ein enges Körnungsband und mit einem höheren Zerkleinerungsgrad gebrochen werden kann als weiche Kohle. Für diese ist es zweckmäßig, einen für höheren Überkornanteil eingestellten Brecher zu verwenden und ihm das Überkorn im Kreislauf noch einmal zuzuführen. Hierbei wird sehr wenig Feinkorn erzeugt, so daß die Kosten für den Kreislauf in Kauf genommen werden können. Für welche Kohlenart oder bis zu welcher Festigkeit der Kohle ein einmaliger Durchlauf im Brecher genügt, und für welche Kohlenart ein Kreislauf günstiger und wirtschaftlicher wird, kann nur unter Berücksichtigung aller Umstände, Betriebsverhältnisse, Absatzmöglichkeiten usw. bestimmt werden.

5. Preisminderung in Abhängigkeit von der Umfangsgeschwindigkeit der Walzen.

Wie sehr der Preis der gebrochenen Kohle von der Umfangsgeschwindigkeit der Walzen abhängt, zeigen die Körnungsergebnisse in Zahlentafel 21, die sich auf eine sehr weiche Kohle beziehen. Während sich der Anteil des Überkorns bei den verschiedenen Drehzahlen nur wenig verändert, also das Körnungsband praktisch als gleich weit angesehen werden kann, unterscheiden sich die einzelnen Brechergebnisse noch erheblich. Die Preisminderung ist bei kleiner Umfangsgeschwindigkeit der Zahnspitzen von $u = 1{,}0$ m/s und $u = 1{,}2$ m/s ungefähr gleich, und zwar 1,75 RM/t. Bei $u = 1{,}8$ m/s verringert sie sich beträchtlich, nämlich auf 1,45 RM/t. Aus diesem hohen Preisunterschied von 0,30 RM/t ergibt sich die Forderung, besonders bei den Betriebsbrechern nachzuprüfen, ob die Walzendrehzahl richtig auf Kohlenart, Ausgangs- und Leitkorngröße abgestimmt ist. Am besten läßt sich dies durch eine Versuchsreihe ermitteln, bei der besonderer Wert auf die Erhaltung des ursprünglichen Kohlegefüges zu legen ist.

6. Zusammenfassung der wirtschaftlichen Betrachtungen und Vergleich verschiedener Brecher.

Die Preisminderung der Kohle ist bei den betriebsmäßigen Brecheranlagen zu hoch. Es besteht vor allem ein zu großer Unterschied zwischen den Verlusten beim Brechen von harter Kohle und denen beim Brechen von mittlerer und weicher Kohle. Der Verlust bei weicher Kohle hat seinen Grund in ungenügender Abstimmung des Brechvorgangs auf die verwendete Kohlenart.

Aus den Ergebnissen mit dem Versuchsbrecher ersieht man, daß es bei richtig gelenktem Brechvorgang und vorsichtiger Schätzung möglich ist, trotz Zugrundelegung eines größeren Zerkleinerungsgrads gegenüber den Werten aus Zahlentafel 13 bei harter Kohle 0,50—0,60 RM/t und bei weicher Kohle 1,60—1,80 RM/t einzusparen und doch noch ein gleich breites Körnungsband zu erzeugen.

Ähnliche Werte für die Preisminderung wurden erzielt mit einem anderen Brecher neuer Bauart, der jedoch ein erheblich weiteres Körnungsband bei einem niedrigeren Zerkleinerungsgrad (durchschnittliche Aufgabestücke nur halb so schwer) aufwies als der Versuchsbrecher und mit einer Kohle von gleichmäßigerem Gefüge beschickt wurde, als sie allgemein im Zechenbetrieb anfällt.

Die Betriebskosten beim Brechen einschließlich der Abschreibung belaufen sich bei einem einmaligen Durchlauf der Kohle durch den Brecher auf etwa 0,11 RM/t.

Sie betragen damit weniger als 10% der Preisminderung durch das Brechen. Gegenüber den Betriebskosten bei einem einmaligen Durchlauf steigen sie, bezogen auf die Tonne gebrochener Kohle, beim Kreislauf je nach dem Überkornanteil auf das Drei- bis Vierfache an.

Die reine Preisminderung der Kohle wird beim Brechen von harter Kohle in einem Kreislauf gegenüber dem einfachen Durchgang nur wenig günstiger gestaltet. Der Unterschied ist jedoch geringer als der Aufwand, den der Kreislauf im Betrieb verursacht. Anders liegen die Verhältnisse unter den gleichen Bedingungen bei weicher Kohle. Hier überwiegt die preisliche Einsparung durch den besseren Arbeitsvorgang des Kreislaufs gegenüber den höheren Betriebskosten.

Darf bei einem bestimmten Sollkorn kein Überkorn mehr im Brechanfall enthalten sein, so muß die Kohle, wenn die wirtschaftlichen Gesichtspunkte ausschlaggebend sind, unter allen Umständen im Kreislauf gebrochen werden. In jedem Fall ist besonderes Gewicht auf die richtige Wahl der Walzendrehzahl zu legen, weil hierdurch die Preisminderung in weiten Grenzen verändert bzw. klein gehalten werden kann.

Abschnitt XI.

Folgerungen aus dem Zusammenhang zwischen dem regelfähigen Brechen und den wirtschaftlichen Betrachtungen.

1. Günstigste Aufteilung des Zerkleinerungsgrads beim Brechen von Stückkohle.

Stückkohle darf nicht in einem einzigen Arbeitsgang in eine Nußkörnung gebrochen werden, vielmehr ist der Brechvorgang in der Weise zu unterteilen, daß für jede Maschine jeweils der günstigste Zerkleinerungsgrad gewählt wird. Zudem müssen die wirtschaftlichen Möglichkeiten, die in der Staffelung der Sortenpreise und in der Marktgängigkeit der einzelnen Sorten beruhen, voll erschöpft werden.

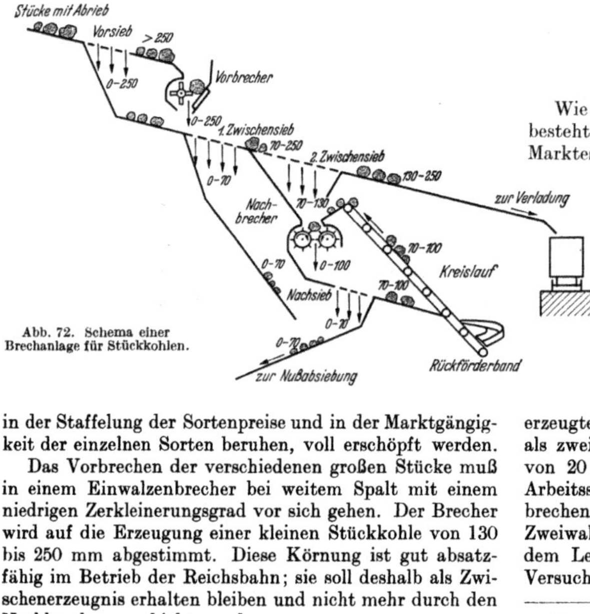

Abb. 72. Schema einer Brechanlage für Stückkohlen.

Das Vorbrechen der verschiedenen großen Stücke muß in einem Einwalzenbrecher bei weitem Spalt mit einem niedrigen Zerkleinerungsgrad vor sich gehen. Der Brecher wird auf die Erzeugung einer kleinen Stückkohle von 130 bis 250 mm abgestimmt. Diese Körnung ist gut absatzfähig im Betrieb der Reichsbahn; sie soll deshalb als Zwischenerzeugnis erhalten bleiben und nicht mehr durch den Nachbrecher geschickt werden.

Als Leitkorn für den Nachbrecher, der als Zweiwalzenbrecher auszubilden ist, wird die preislich am höchsten bewertete Sorte von 40—70 mm festgelegt. Danach kommt also für ihn als Aufgabekörnung die Mittelsorte von 70—130 mm in Betracht. Hierdurch sind bei diesem Brecher zwei wichtige Vorbedingungen für eine günstige Arbeitsweise erfüllt, ein möglichst eng begrenztes Ausgangskorn und ein niedriger Zerkleinerungsgrad. Aus Gründen des Absatzes muß gefordert werden, daß im Nachbrecher alles unter 70 mm zerkleinert wird. Dies ist aber nur mit der Anordnung eines Kreislaufs bei einem guten Brechausfall möglich.

Zwischen Vor- und Nachbrecher sind zwei Siebeinrichtungen vorzusehen; das eine Sieb hat die Körnung 130 bis 250 mm und das andere die Körnung unter 70 mm auszuscheiden. Diese beiden Sorten gelangen dadurch nicht mehr in den Nachbrecher. Das Schema einer derartigen Anlage stellt Abb. 72 dar.

2. Zusammenstellung der hierbei entstehenden Brechkosten für verschieden harte Kohlenarten.

Bei vorsichtiger Schätzung lassen sich in einer derartigen Anlage im Zechenbetrieb mit normaler Grubenkohle etwa folgende Gesamtbrechkosten, also einschließlich Preisminderung, reinen Betriebskosten und Abschreibung, errechnen (siehe Zahlentafel 22):

für sehr harte und harte Kohle	1,50 RM/t
für mittelharte Kohle	1,60 RM/t
für weiche Kohle	1,76 RM/t

Die Zahlen für harte Kohle werden jedoch in Wirklichkeit eher noch etwas günstiger liegen. Diese außerordentlich niedrigen Brechkosten sind vor allem darin begründet, daß durch die Zwischenentnahme der gebrochenen Stückkohle aus der an sich notwendigen dreimaligen Unterteilung des gesamten Brechvorgangs der mittlere Arbeitsgang entfallen kann.

Abschnitt XII.

Brechen zur Herstellung von Industriekörnungen.

Wie bereits in den Vorbetrachtungen erläutert wurde, besteht zwischen dem Brechen zur Befriedigung des Marktes[54] und dem zur Herstellung von Industriekörnungen ein enger Zusammenhang insofern, als beide Vorgänge ein regelfähiges Brechen voraussetzen. Es sind daher auch für beide Arten die gleichen Gesichtspunkte maßgebend, lediglich mit dem Unterschied, daß zur Erzeugung von Industriekörnungen alle Abmessungen und Kenngrößen des Brechers und der Kohle auf ein kleineres Leitkorn von etwa 20 mm abgestimmt werden müssen.

Bezeichnet man das Vorbrechen der großen Stücke als erste Stufe, das Nachbrechen der so erzeugten Zwischenkörnung auf die Nußsorte 40—70 mm als zweite Stufe, so stellt das Brechen auf ein Leitkorn von 20 mm die unmittelbar daran anschließende dritte Arbeitsstufe dar. Es kann ebenso auch als zweites Nachbrechen aufgefaßt werden und wird zweckmäßig in einem Zweiwalzenbrecher vorgenommen, der unter anderem eine dem Leitkorn entsprechend verkleinerte Ausführung des Versuchsbrechers besitzen kann.

[54] S. Seite 2.

Während jedoch beim Brechen von größeren Sorten der ganze Brechvorgang sich in erster Linie nach den Eigenschaften und dem Verhalten der Kohle richten muß, ist jetzt noch zu berücksichtigen, daß die eigentlichen Brechwerkzeuge keinen zu großen Beanspruchungen ausgesetzt sein dürfen, weil sie dann zu schnell verschleißen. Denn die Spitzen und Schneiden der Brechzähne und Brechrippen dürfen, um ein Leitkorn von 20 mm bei niedrigem Anteil von Feinkohle unter 10 mm zu erzeugen, nicht sehr breit und stark ausgebildet werden; sie müssen jedoch anderseits noch kräftig genug sein, um auch nach längerer Betriebsdauer annähernd ihre ursprüngliche Form beizubehalten.

Aus diesem Grunde dürfen also die zum Zersprengen der Kohlekörper notwendigen Kräfte, die jeweils von einer Zahnspitze, und zwar mit einer Fläche von nicht mehr als 0,3 bis höchstens 0,5 cm^2 ausgeübt werden, nicht größer als 300—500 kg sein. Mit dieser Kraft lassen sich, wenn man von einer völligen Zertrümmerung der Kohle durch eine sehr hohe Schlagwucht absieht, nur Kohlekörper bis zu 70 mm zerspalten. Diese Körnung setzt sich vorwiegend aus würfelförmigen Körpern zusammen, wobei es ohne Belang ist, ob die Kohle unmittelbar der Förderung entstammt oder bereits vorgebrochen wurde. Es können sich also Biegungs- und Zugbeanspruchungen nur wenig auswirken. Die eigentliche Zerkleinerung wird durch Zersprengen, Drücken oder Abscheren ausgeführt, und zwar schlagartig.

Zu der gleichen Aufgabegröße der Kohle gelangt man, wenn man von dem Leitkorn und dem zulässigen Zerkleinerungsgrad ausgeht.

Das Gewicht eines Leitkorns von 20 mm in der nach dem Brechen etwas kantigen Form beträgt nach eigenen Versuchen (Zahlentafel 9) im Durchschnitt 2—4 g. Der auf das Gewicht bezogene Zerkleinerungsgrad darf beim regelfähigen Brechen für weiche Kohle nicht viel größer als etwa 15:1 und für eine mehr harte Kohle 25:1 bemessen werden. Hieraus ermittelt sich bei weicher Kohle eine Aufgabekörnung von 40—60 mm und bei harter Kohle eine solche von nicht über 70 mm.

Würde man einen höheren Zerkleinerungsgrad anstreben, so müßte die Walzenverzahnung nicht allein auf das gewünschte Leitkorn, sondern hauptsächlich auf ein gutes Einziehvermögen des Brechers abgestimmt werden. Hierdurch würden größere Zähne oder weitere Zahnabstände notwendig. Dies bedingte wiederum eine höhere Walzendrehzahl, um die notwendige Zerkleinerungsarbeit herbeizuführen, oder eine stärkere Anwendung von Flächendruck zwischen den Brechzähnen und dem Walzengrund. Durch beide Maßnahmen würde der Feinkohlenanteil unter 10 mm beträchtlich gesteigert werden.

In der Industriekörnung soll kein Überkorn über 30 mm enthalten sein. Zu diesem Zwecke könnte man den Brecher so eng einstellen, daß einfach kein Korn über 30 mm erzeugt wird. Hierdurch würde aber der Anteil an Feinkohlen unter 10 mm erheblich ansteigen, außerdem würde die Durchsatzleistung des Brechers absinken und die Gefahr einer Verstopfung bei stoßartiger Überbelastung sich erhöhen.

Es ist deshalb richtiger, den Brecher mit einem weiten Spalt von etwa 35—40 mm zu betreiben und im ersten Durchgang ruhig einen Überkornanteil von etwa 25 bis 30% zuzulassen. Dieser wird dann auf einem Nachsieb abzufangen und über ein Rückförderband in einem nochmaligen Umlauf aufzugeben sein.

Zugleich kann auch die Walzendrehzahl beim Kreislauf mehr für die kleineren und weniger harten Aufgabestücke berechnet werden. Hierdurch werden diese Stücke vor unnötiger Zertrümmerung geschützt, während die harten Körper sich solange im Kreislauf halten, bis sie genügend gebrochen sind.

Je nach der Beschaffenheit und Härte der Kohle liegt die Umfangsgeschwindigkeit der Zahnspitzen etwa zwischen 0,8—1,2 m/sec. Der günstigste Wert ist jeweils durch einen Versuch zu ermitteln.

Zusammenfassung.

Das Brechen von Kohle zur Erzeugung von Industriekörnungen stellt die nächstfolgende Zerkleinerungsstufe nach dem Brechen zur Befriedigung des Marktes für Hausbrandkohle dar und ist unter den gleichen Gesichtspunkten wie dieses in einem ähnlichen Zweiwalzenbrecher, nur mit entsprechend kleiner gehaltenen Abmessungen und Kenngrößen vorzunehmen.

Mit Rücksicht auf den zulässigen Zerkleinerungsgrad beim regelfähigen Brechen der Kohle und zur Verhütung zu schnellen Verschleißes der Brechzähne darf die Aufgabekörnung bei weicher Kohle 60 mm, bei harter Kohle 70 mm nicht übersteigen.

Der Brecher muß eine Rückfördereinrichtung besitzen, um alles Überkorn über 30 mm restlos zu brechen. Zu diesem Zwecke sind der Spalt weit und die Zahnabstände groß zu bemessen. Die Umfangsgeschwindigkeit der Zahnspitzen liegt je nach der Kohlenart zwischen 0,8 und 1,2 m/s und ist jeweils durch Versuch zu bestimmen.

Abschnitt XIII.

Gesamtübersicht über die Ergebnisse der Untersuchungen.

Nach den vorstehenden Ausführungen haben die Untersuchungen über den Ablauf und die Lenkung der Vorgänge beim Brechen von Steinkohle folgendes ergeben:

Die Festigkeitseigenschaften der Kohle werden sehr stark von der Zusammensetzung des Gefüges, von Einschlüssen und Rissen und von dem Verlauf der Schichtung zu der Beanspruchungsrichtung beeinflußt.

Die Werte für die Druckfestigkeit wurden bei fast reiner Glanzkohle zu 205 kg/cm^2 und bei fast reiner Mattkohle bis zu 484 kg/cm^2 ermittelt.

Innerhalb dieses Bereichs liegen die Werte für Streifenkohle, und zwar sind sie entsprechend ihrem Anteil an Matt- und Glanzkohle abgestuft.

Diese Ergebnisse stimmen auch mit denen anderer Veröffentlichungen überein.

Von besonderer Wichtigkeit ist das Verhalten von Kohle mit gleicher Beschaffenheit gegenüber verschiedenen Beanspruchungsarten. Hierbei kann die Druckfestigkeit etwa 10mal so hoch wie die Scherfestigkeit und 20mal so groß wie die Biege- und Zugfestigkeit angesetzt werden. Mit punkt- oder schneidenförmigem Druck lassen sich Kohlekörper schon durch $^1/_{50}$—$^1/_{40}$ der Kraft bei reinem Flächendruck zersprengen.

Gegenüber Beanspruchungen senkrecht zu der Schichtung ist Kohle erheblich widerstandsfähiger als gegenüber Kräften, die unter einem Winkel zur Schichtung oder mit ihr gleichlaufend ausgeübt werden.

Diese Erkenntnisse von den physikalischen Eigenschaften der Kohle bilden die Grundlage für die Untersuchung des Brechvorgangs der marktgängigen Brecher. Berücksichtigt man außerdem noch die betrieblichen und wirtschaftlichen Gesichtspunkte, so besitzt ein mit Zähnen oder

Stacheln ausgerüsteter Zweiwalzenbrecher für ein schonungsvolles Grobbrechen die günstigste Arbeitsweise.

Der Brechvorgang dieser Maschine läßt sich durch richtige Abstimmung der einzelnen Kenngrößen aufeinander, auf das verlangte Leitkorn und auf die verwendete Kohle weitgehend beeinflussen und auch gegenüber den bisherigen Betriebsverhältnissen wesentlich verbessern. So kann der Zerkleinerungsgrad erhöht, das Körnungsband verengert und der Anteil an der verlangten Sollkornklasse vergrößert werden.

Die Brechkosten setzen sich zusammen aus den reinen Betriebskosten und aus der Preisminderung, die infolge der gestaffelten Sortenpreise die Kohle beim Zerkleinern erfährt.

Beim Brechen zur Befriedigung des Marktes belaufen sich die Betriebskosten bei genügender Ausnutzung des Brechers für einen einfachen Durchlauf auf etwa 0,11 RM/t, für einen Kreislauf auf etwa 0,26 RM/t. Die Preisminderung beträgt je nach der Güte und Einstellung des Brechers und je nach der Kohlenart 1,76 bis rd. 3,27 RM/t. Da bei ist der Ausgangspreis der Kohle mit 15,25 RM/t eingesetzt.

Gegenüber diesen von den Zechen ermittelten Werten kann eine Ersparnis von 0,50—1,80 RM/t — je nach der Kohlenhärte — erzielt werden.

Ein eng begrenztes Leitkorn läßt sich nicht in einem Arbeitsgang erzeugen, ohne daß auch ein gewisser Anteil an Überkorn anfällt.

Vom einem bestimmten Kornklassenverhältnis an kann der Anteil des Leitkorns nicht mehr gesteigert werden; es wird dann nur das Unterkorn auf Kosten des Überkorns angereichert.

In welchen Fällen ein einmaliger Durchlauf oder ein Kreislauf angewendet werden müssen, hängt von der Beschaffenheit der Kohle und dem zulässigen Überkornanteil im Brechgut ab.

Ein Kreislauf ist zu wählen, wenn:

1. ein enges Körnungsband ohne Überkorn verlangt wird,
2. die Kohle sehr unterschiedlich in ihrer Härte ist,
3. bei weicher Kohle der Überkornanteil kleiner als 20 % und bei harter Kohle kleiner als 10 % sein soll.

Nimmt man einen Überkornanteil bei harter Kohle von über 10 % und bei weicher Kohle von über 20 % mit in Kauf, so ist es wirtschaftlicher, in einem einmaligen Durchlauf zu brechen, weil dann die zusätzlichen Betriebskosten für den Kreislauf größer werden als der preisliche Vorteil durch ein besseres Kornklassenverhältnis bei einem im Kreislauf arbeitenden Brecher.

Kohle von gleichmäßiger Beschaffenheit und Härte läßt sich, auch wenn sie weniger hart ist, wesentlich besser brechen als eine härtere, aber stark unterschiedliche Kohlenart.

Die Kornklasse 40—70 mm kann man in zwei Arbeitsstufen aus Stückkohle herstellen. Für die Industriekörnung 10—30 mm muß noch eine dritte Brechstufe hinzukommen.

Aus dem jeweiligen Zwischengut muß vor Aufgabe in die nächste Brechstufe die weit genug gebrochene Kohle, einschließlich der Feinkohle, durch Zwischenabsiebung ausgeschieden werden, damit eine ungünstige Beeinflussung des nachfolgenden Brechvorgangs vermieden wird.

Das gelenkte oder regelfähige Brechen besteht also nicht allein in der richtigen Abstimmung des eigentlichen Brechers auf die vorliegende Kohlenart, sondern auch in der zweckmäßigen Aufteilung des jeweiligen gesamten Brechvorgangs unter Berücksichtigung der Preis- und Absatzverhältnisse und der Verwendungsmöglichkeiten der Kohle.

Abschnitt XIV.
Zusammenfassung.

Die Aufgabe der vorliegenden Arbeit bestand darin, aus stückiger Steinkohle bestimmte kleinere Kornklassen in möglichst großem Umfang und engbegrenzter Körnung bei geringstem Feinkohlenanfall durch Brechen zu erzeugen.

Zu diesem Zweck wurden zuerst die rein physikalischen Eigenschaften der Kohle behandelt. Sodann wurden die Zerkleinerungsvorgänge der gebräuchlichen Brecherarten auf ihre Eignung zum schonungsvollen Grobbrechen nachgeprüft. An der in dieser Hinsicht am günstigsten arbeitenden Maschine, einem Zweiwalzenbrecher, wurde der Einfluß der verschiedenen Brechfaktoren und der Kohlearten im einzelnen untersucht. Die Ergebnisse sind in Abschnitt 13 zusammengestellt. An einem, nach diesen Gesichtspunkten entwickelten Brecher konnte durch wirtschaftliche Betrachtungen nachgewiesen werden, daß die Wertminderung der Kohle durch das Brechen gegenüber den bisherigen Betriebsergebnissen erheblich kleiner gehalten werden kann.

Abschnitt XV.
Zahlentafeln.

Zahlentafel 1.
Zusammenstellung der Flächendruckversuche.
Kohle „E".

Vers.-Nr.	Kohle	Zustand vor dem Versuch	Druckrichtung zur Schichtung	Druck kg/cm^2	E-Modul bei 100 kg/cm^2	Erstes Knistern bei kg/cm^2	Zustand der Restkörper
12	Matt	sehr gut, fest, rißfrei	senkrecht	484	44400	87,4	fest
4	„	sehr gut, fest	„	474	44500	87	„
2	„	gut, fest	„	420	45800	79,5	„
2	Matt	sehr gut, fest, rißfrei	parallel	396	42300	83,2	mittel
1	„	gut, fest, rißfrei	„	357	45700	84,5	„
11	Streifen	mittel, v. Glz., wenig Schw.	[1]	264	36400	35,1	weich
6	„	gut, v. Gl., wenig Schw.	senkrecht	206	27000	35,6	fest
3	„	mäßig, v. Gl., v. Risse, v. Schw.	[2]	227	—	9,7	bröcklig
5	Streifen	sehr hart, v. Glz., v. Schw.	parallel	292	32200	22,7	bröcklig
10	„	mäßig, v. Glz., wenig Schw.	„	205	37200	30,3	fest
9	Kennelkohle	sehr gut, hart, gleichmäßig	keine	367	41000	79,4	fest, Musch. bruch

[1] unter einem Winkel von 30°.
[2] unter einem Winkel von 10°.

Zahlentafel 2.
Zusammenstellung der Scherversuche. Kohle „E".

Vers.-Nr.	Kohle	Zustand vor dem Versuch	Richtung des Scherdrucks zur Schichtung	Scheren kg/cm^2
13	Mattkohle	sehr gut, fest, rißfrei	senkrecht	47,8
16	„	wie vor	parallel	34,8
15	Streifenkohle	gut, fest, rißfrei, wenig Glanzkohle	senkrecht	40,5
16	„	wie vor	„	38,1
17	„	gut, viel Glanzkohle, viel Schwefelkies	„	30,2
14	„	mäßig, rissig, viel Glanzkohle, viel Schwefelkies	„	24,1

Zahlentafel 3.
Zusammenstellung der Biegeversuche.
Kohle „E".

Vers.-Nr.	Kohlenart	Zustand vor dem Versuch	Richtung der Belastung zur Schichtung	Fließen oder Brechen ohne Übergang	σ_B max kg/cm²
3	Matt + v. Glz. + Schw.	sehr gut, ganz wenig Risse	parallel	brechen	24,3
4	Matt + wenig Glz.	gut, ganz wenig Risse	„	„	16,6
6	„ „	mäßig, einige Risse	senkrecht	„	15,2
1	Matt + v. Glz.	gut, einige Risse	„	fließen bei 20 kg/cm²	22
7	Matt	sehr gut, wenig Risse	„	fließen bei 20,6 kg/cm²	22,6
4	„	wie oben	„	fließen bei 19,8 kg/cm²	23,5
2	„	wie oben	„	fließen bei 18,75 kg/cm²	18,75

Zahlentafel 4.
Zusammenstellung der Teildruckversuche.
Kohle „E".
Zustand vor dem Versuch: reine, sehr gute feste Mattkohle.

Vers.-Nr.	Fall	Belastungsquerschnitt in cm²	Druck zur Schichtung	Belastung kg	Belastung kg/cm²
16a	I		senkrecht	1293	
20a				1095	
21a				919	
26				978	
33				900	
Mittelwert		1		1037	1037
25	II		senkrecht	1293	
27				1155	
Mittelwert		1		1224	1224
5	III		senkrecht	1937	
9				1757	
12				1523	
Mittelwert		3,22		1739	540
7	IV		senkrecht	1273	
10				1165	
12				1243	
Mittelwert		3,22		1227	380
31	II		parallel	919	919

Zahlentafel 5.
Zusammenstellung der Teildruckversuche.
Kohle „E".
Zustand vor dem Versuch: Streifenkohle mit Einschlüssen von Schwefelkies.

Vers.-Nr.	Fall	Belastungsquerschnitt in cm²	Druck zur Schichtung	Belastung kg	Belastung kg/cm²
22a	I		senkrecht	657	
23				755	
24				676	
34				500	
Mittelwert		1		645	645
19	I	1	parallel	559	559
17	III		senkrecht	733	
28				696	
35				686	
Mittelwert		3,22		705	218
2a	III	3,22	parallel	686	213
3				481	149
1	IV	3,22	parallel	444	138
2				384	119

Zahlentafel 6.
Zusammenstellung von Teildruckversuchen.
Je 10 Körper Mattkohle und Streifenkohle.
Kohle „E".

	Mattkohle	Streifenkohle
Gesamtbelastung für das erstmalige Brechen aller 10 Körper	12600 kg	6200 kg
Durchschnittsbelastung für das erstmalige Brechen eines Körpers	1260 kg	620 kg
Anzahl der Restkörper nach dem ersten Brechen aller 10 Körper	25 Stück	31 Stück
Anzahl der Einzeldrücke für alle 10 Körper[1]	36 Stück	28 Stück
Durchschnittseinzeldrücke für einen Körper	3,6	2,8
Gesamtbelastung[1] für alle 10 Körper	29800 kg	14800 kg
Durchschnittsbelastung[1] für einen Körper	rd. 3000 kg	rd. 1500 kg
Gesamtzahl[1] der entstandenen Restkörper in der Körnung von 25—70 mm aller 10 Körper	93 Stück	70 Stück
Anteil der Körnung[1] unter 25 mm	6,6%	3,0%

[1] Bis zur Aufteilung unter 70 mm.

Zahlentafel 7.
Handschlagversuche.
Kohle „A I".
Würfelkohle (vorwiegend Mattkohle),
Ausgangskörper 70—130 mm,
Je Versuch 5 kg mit 6—8 Einzelkörpern.

		Körnung 0—25 mm	Körnung 25—40 mm	Körnung 40—70 mm
Versuch	1	5,2	10,4	84,4
	2	4,5	8,7	86,8
	3	6,3	10,0	83,7
	4	9,2	8,5	82,3
	5	7,6	7,8	84,6
	6	6,0	8,9	85,1
	7	7,4	12,1	80,5
	8	7,1	13,2	79,7
	9	10,1	17,1	72,8
Mittelwert	1—3	5,3	9,7	85,0
	4—6	7,6	8,4	84,0
	7—9	8,2	14,1	77,7
Mittelwert	1—6	6,45	9,05	84,5

Stückkohle

Versuchskörper Nr.	10	11
Stückgröße etwa mm	190 × 280 × 350	180 × 200 × 300
Stückgewicht kg	11,55	8,7
Ausgangszustand	feste Mattkohle	sehr feste Mattkohle
Körnung 0—25 mm %	15,8	11,8
25—40 mm %	15,8	13,8
40—70 mm %	68,4	74,4

Zahlentafel 8.
Kornklassenverhältnis beim Brechen.
Aufgabekörnung: 70—130 mm ∅, vorwiegend 70—100 mm ∅.
Kohle: „A I" mittelhart, jedoch mit starker Mattkohlenanreicherung.

Körnung der gebr. Kohle	0—25 mm in %	25—70 mm in %	üb. 70 mm in %	$\frac{25-70}{0-25}$
Walzenbrecher	16,2	58,8	25,0	3,63
	18,7	63,5	17,8	3,4
Backenbrecher	17,4	53,7	28,9	3,09
	26,1	66,9	7,0	2,56
Symons-Kegelbrecher	18,5	56,7	24,7	3,07
	26,0	63,0	11,0	2,42

Zahlentafel 9.

Durchschnittsgewicht[1] einzelner Kohlekörper von verschiedener Korngröße.

Korngröße mm	Mittleres Stückgewicht g	Korngröße mm	Mittleres Stückgewicht g
a) Grubenfrische Aufgabestücke vor dem Versuch:		b) Gebrochene kantige Körper:	
70—100	330—365	0—10	kleiner als 1 g
70—130	400—480	10—20	1,2—2,6
100—130	750	20—25	2,9—3,7
100—150	900	25—30	6,2—6,7
etwa 130—250	1150	30—40	15—16
etwa 150—250	1725	40—50	33—42
		50—60	70—73
		60—70	116—126
		70—80	160—180
		80—100	240—280

[1] Nach eigenen Versuchen.

Zahlentafel 10.

Amtliche Kohlenpreise der Preussag, Hindenburg.

	mm	RM/t
Staub	0— 10	6,35
Grieß	10— 15	10,20
Erbs	15— 25	11,55
Nuß II	25— 35	13,55
Nuß Ib	25— 40	13,85
Nuß Ia	40— 70	15,70
Würfel II	70— 80 (Ostfeld)	15,70
Würfel I	70—100 (Delbrück)	15,25
	70—120 (Ostfeld)	15,25
	65—100 (Westfeld)	15,25
Stücke	über 100	15,25

Für die Wirtschaftlichkeitsberechnungen eingesetzte Werte:

Staub	0— 10	6,35
Erbs[1]	10— 25	11,25
Nuß Ib	25— 40	13,85
Nuß Ia	40— 70	15,70
Würfel	70—100	15,25
Stücke	100	15,25

[1] Da die Körnung 10—15 mm nicht gesondert festgestellt wurde.

Zahlentafel 11. **Preisminderung durch Brechen. Nur Vorbrechen von Stücken über 120 mm in normalem Anfallen.**

1. Einwalzenbrecher „X".

Kohle „G" sehr hart — Verkaufspreis 15,25 RM/t

Spalt mm	250	250	200	200
Siebteilung mm	Körnung in %	Anteiliger Sortenpreis in RM/t	Körnung in %	Anteiliger Sortenpreis in RM/t
0— 10	3,3	0,21	8,5	0,54
10— 25	3,2	0,37	7,5	0,87
25— 40	3,5	0,49	6,4	0,89
40— 70	5,1	0,80	10,4	1,63
70— 90	13,5	2,06	16,2	2,47
90—120	20,0	3,05	51,0	7,77
über 120	51,4	7,84	—	—
Resultierender Sortenpreis		14,82		14,17
Preisminderung		0,43		1,08

Zahlentafel 12. **Preisminderung durch Brechen. Nur Vorbrechen von Stücken über 120 mm in normalem Anfallen.**

2. Einwalzenbrecher „Y".

Kohle „H" sehr hart — Verkaufspreis 15,25 RM/t

Versuch	I		II	
Siebteilung[1] mm	Körnung in %	Anteiliger Sortenpreis in RM./t	Körnung in %	Anteiliger Sortenpreis in RM./t
0—10	7,9	0,50	9,5	0,60
10—25	12,3	1,42	11,1	1,28
25—35	9,3	1,26	7,1	0,96
35—45	9,9	1,55	7,8	1,22
45—70	29,0	4,55	25,9	4,07
über 70	31,6	4,82	38,6	5,89
Resultierender Sortenpreis		14,10		14,02
Preisminderung		1,15		1,23

[1] Quadratmaschensieb.

Zahlentafel 13.

Preisminderung durch Brechen von Würfelkohle mit einem Verkaufspreis von 15,25 RM/t nach Betriebsversuchen verschiedener oberschlesischer Gruben an eigenen Brecheranlagen.

Kohle	mm	G	H	J	K	L
		sehr hart		hart und mittel		mittel bis weich
Körnung in %						
Staub	0—10	12,9	13	16	19,1	23
Grieß	10—15	3,6	—	8	10,7	8
Erbs	15—25	2,5	18	11	16,4	18
Nuß II	25—35	33	25	—	21,1	—
Nuß Ib	25—40	—	4	23	—	21
Nuß Ia	40—70	48	35	42	32,7	30
Würfel II	70—90	—	5	—	—	—
Kornpreis in RM/t						
Staub	6,35	0,82	0,83	1,02	1,21	1,46
Grieß	10,20	0,37	—	0,82	1,09	0,82
Erbs	11,55	0,29	2,08	1,27	1,89	2,08
Nuß II	13,55	4,47	3,39	—	2,86	—
Nuß Ib	13,85	—	0,55	3,18	—	2,91
Nuß Ia	15,70	7,54	5,49	6,60	5,14	4,71
Würfel II	15,70	—	0,79	—	—	—
Resultierender Sortenpreis		13,49	13,43	12,89	12,19	11,98
Preisminderung		1,76	2,12	2,36	3,06	3,27

Zahlentafel 14. **Preisminderung durch Brechen.** Ausgangsgröße: Würfel 70—130 mm, vorwiegend 70—100 mm. Kohle: A I **mittelhart,** jedoch mit starker Mattkohlenanreicherung. Verkaufspreis: 15,25 RM/t.

Brecher „M".

Versuch	Ohne Kreislauf			Kreislauf errechnet	
mm	22	31	23	31/Kr.	23/Kr.
Körnung in %					
0— 10	7,3	6,6	5,6	8,8	8,6
10— 25	11,4	9,6	8,3	12,8	12,8
25— 40	13,5	13,4	9,7	17,9	14,9
40— 70	50,0	45,4	41,3	60,5	63,7
70—100	17,8	25,0	35,1	—	—
Kornpreis in RM/t					
0— 10	0,46	0,42	0,36	0,56	0,55
10— 25	1,32	1,11	0,96	1,48	1,48
25— 40	1,87	1,85	1,34	2,48	2,06
40— 70	7,85	7,13	6,49	9,50	10,—
70—100	2,72	3,81	5,35	—	—
Resultierender Sortenpreis	14,22	14,33	14,50	14,02	14,09
Preisminderung	1,03	0,92	0,75	1,23	1,16

Zahlentafel 15. Preisminderung durch Brechen.
Ausgangsgröße: Stücke 100—150 mm.
Kohle: „D", sehr hart.
Verkaufspreis: 15,25 RM/t.

Fall	I	II	III	Kreislauf errechnet II/Kr.	Kreislauf errechnet III/Kr.
Spalt mm	90	100	105	100	105
Körnung in %					
0— 10	8,8	8,5	6,8	10,4	10,2
10— 25	9,9	7,7	7,0	9,4	10,5
25— 40	14,0	11,7	10,1	14,3	15,2
40— 70	57,7	54,1	42,8	65,9	64,1
70—100	9,6	18,0	33,3	—	—
Kornpreis RM/t					
0— 10	0,56	0,54	0,43	0,66	0,65
10— 25	1,14	0,89	0,81	1,09	1,21
25— 40	1,94	1,62	1,40	1,98	2,10
40— 70	9,05	8,49	6,72	10,34	10,07
70—100	1,46	2,74	5,07	—	—
Resultierender Sortenpreis	14,15	14,28	14,43	14,07	14,03
Preisminderung	1,10	0,97	0,82	1,18	1,22

Zahlentafel 16. Preisminderung durch Brechen.
Ausgangsgröße: Stücke 100—150 mm.
Kohle: „E" hart.
Verkaufspreis: 15,25 RM/t.

Fall	I	II	Kreislauf errechnet II/Kr.
Spalt mm	95	100	100
Körnung in %			
0— 10	9,0	8,2	10,1
10— 25	9,7	8,1	10,0
25— 40	15,0	13,0	16,0
40— 70	51,2	51,9	63,9
70—100	15,1	18,8	—
Kornpreis RM/t			
0— 10	0,57	0,52	0,64
10— 25	1,12	0,94	1,16
25— 40	2,08	1,80	2,22
40— 70	8,03	8,15	10,02
70—100	2,30	2,86	—
Resultierender Sortenpreis	14,10	14,27	14,04
Preisminderung	1,15	0,98	1,21

Zahlentafel 17. Preisminderung durch Brechen.
Ausgangsgröße: Stücke 100—150 mm.
Kohle: „A" mittel.
Verkaufspreis: 15,25 RM/t.

Fall	I	II	III	Kreislauf errechnet III/Kr.
Spalt mm	90	95	105	105
Körnung in %				
0— 10	12,07	11,2	9,0	10,7
10— 25	12,0	11,1	8,8	10,5
25— 40	18,7	14,7	13,4	15,9
40— 70	52,6	54,1	52,9	62,9
70—100	4,0	8,9	15,9	—
Kornpreis RM/t				
0— 10	0,81	0,71	0,57	0,68
10— 25	1,39	1,29	1,02	1,21
25— 40	2,59	2,04	1,86	2,20
40— 70	8,25	8,49	8,31	9,87
70—100	0,61	1,36	2,42	—
Resultierender Sortenpreis	13,65	13,88	14,18	13,96
Preisminderung	1,60	1,37	1,07	1,29

Zahlentafel 18. Preisminderung durch Brechen.
Ausgangsgröße: Stücke 100—150 mm.
Kohle: „C I" weich.
Verkaufspreis: 15,25 RM/t.

Fall	I	II	III	IV	Kreislauf errechnet IV/Kr.
Spalt mm	90	95	100	105	105
Körnung in %					
0—100	12,7	12,0	12,0	9,7	12,2
10— 25	12,4	12,4	10,6	7,5	9,4
25— 40	17,1	16,6	14,7	13,5	16,9
40— 70	51,3	49,7	51,3	49,0	61,5
70—100	6,5	9,3	11,4	20,3	—
Kornpreis RM/t					
0— 10	0,81	0,76	0,76	0,62	0,77
10— 25	1,43	1,43	1,22	0,87	1,09
25— 40	2,37	2,30	2,04	1,87	2,34
40— 70	8,05	7,80	8,05	7,69	9,65
70—100	0,99	1,42	1,74	3,10	—
Resultierend. Sortenpreis	13,63	13,71	13,81	14,15	13,85
Preisminderung	1,62	1,54	1,44	1,10	1,40

Zahlentafel 19. Preisminderung durch Brechen.
Verschiedene Aufgabekorngröße, gleiche Brecherstellung.
Kohle: „E" hart.
Verkaufspreis: 15,25 RM/t.

Korngröße in mm	150—250	130—150—250	100—150	100—130	70—130	70—100
Mittleres Stückgewicht in g	1725	1150	900	750	480	365
Körnung in %						
0— 10	9,6	9,0	8,2	8,2	7,5	6,2
10— 25	10,7	10,2	9,5	8,9	8,2	6,9
25— 40	14,1	14,1	13,4	12,8	11,7	11,0
40— 70	50,1	50,5	51,4	52,2	51,9	48,8
70—100	15,5	16,2	17,5	17,9	20,7	27,1
Kornpreis RM/t						
0— 10	0,61	0,57	0,52	0,52	0,48	0,39
10— 25	1,24	1,18	1,10	1,03	0,95	0,80
25— 40	1,95	1,95	1,86	1,77	1,62	1,52
40— 70	7,86	7,92	8,06	8,19	8,15	7,67
70—100	2,36	2,47	2,67	2,73	3,16	4,13
Resultierender Sortenpreis	14,02	14,09	14,21	14,24	14,36	14,51
Preisminderung	1,23	1,16	1,04	1,01	0,89	0,74

Zahlentafel 20. Preisminderung durch Brechen.
Verschiedene Aufgabekorngröße, gleiche Brecherstellung.
Kohle: „B" weich.
Verkaufspreis: 15,25 RM/t.

Korngröße in mm	130—150—250	100—150	100—130	70—100
Mittleres Stückgewicht in g	1160	900	755	330
Körnung in %				
0— 10	10,4	9,7	8,7	6,0
10— 25	12,1	10,1	8,5	6,3
25— 40	15,6	13,2	11,7	8,7
40— 70	45,5	48,2	46,7	47,1
70—100	16,4	18,8	24,4	31,9
Kornpreis RM/t				
0— 10	0,66	0,62	0,55	0,38
10— 25	1,40	1,17	0,98	0,73
25— 40	2,16	1,83	1,62	1,21
40— 70	7,14	7,56	7,33	7,39
70—100	2,50	2,86	3,72	4,86
Resultierender Sortenpreis	13,86	14,04	14,20	14,57
Preisminderung	1,39	1,21	1,05	0,68

Zahlentafel 21. Preisminderung durch Brechen.
Verschiedene Umfangsgeschwindigkeit der Walzen.
Gleiche Brecherstellung.
Gleiche Ausgangsgröße: Stücke 100—150—180 mm.
Mittleres Stückgewicht: 1070—1100 g.
Kohle: „C II" sehr weich.
Verkaufspreis: 15,25 RM/t.

u[1] in m/sec	1,0	1,2	1,5	1,8	2,15
Körnung in %					
0— 10	13,3	13,5	11,8	11,3	12,9
10— 25	14,2	14,1	13,5	12,1	13,8
25— 40	18,4	17,3	16,2	16,7	16,7
40— 70	45,4	45,8	48,0	49,3	43,2
70—100	8,7	9,3	10,5	10,6	13,4
Kornpreis RM/t					
0— 10	0,84	0,86	0,75	0,72	0,82
10— 25	1,64	1,63	1,56	1,40	1,59
25— 40	2,55	2,40	2,24	2,31	2,31
40— 70	7,13	7,19	7,53	7,75	6,78
70—100	1,33	1,42	1,60	1,62	2,04
Resultierender Sortenpreis	13,49	13,50	13,68	13,80	13,54
Preisminderung	1,76	1,75	1,57	1,45	1,71

[1] u = Umfangsgeschwindigkeit der Zahnspitzen.

Zahlentafel 22.
Brechen von Stückkohlen nach dem Schema von Abb. 46.
Ausgangsgröße: Stückkohlen über 130 mm in normalem Anfall.
Sortenpreis: 15,25 RM/t.

Kohlenart	Sehr hart	Mittelhart	Weich
Körnung in %[1]			
0— 10	6	7	8
10— 25	6,5	7	8
25— 40	8,5	9	9,5
40— 70	29	27	24,5
130—250	50	50	50
Kornpreis RM/t			
0— 70	6,85	6,75	6,59
130—250	7,62	7,62	7,62
Resultierender Sortenpreis	14,47	14,37	14,21
Preisminderung	0,78	0,88	1,04
Betriebskosten:			
a) des Vorbrechers	0,11	0,11	0,11
b) der beiden Zwischensiebe	0,25	0,25	0,25
c) des Nachbrechers	0,13	0,13	0,13
d) des Kreislaufes	0,23	0,23	0,23
Gesamte Brechkosten	1,50	1,60	1,76

[1] Körnungsbild aus den bisherigen Versuchsergebnissen geschätzt.

Zahlentafel 23. Betriebskosten eines Brechers.

Zweiwalzenbrecher mit Vorgelege zum Nachbrechen

Arbeitsbreite	800 mm
Durchmesser der Zahnspitzen	700—750 „
Aufgabekörnung etwa	100—180 „
Sollkörnung	25— 70 „
Durchsatzleistung	50 t/h
Kraftbedarf etwa	80 PS
Jährlich sollen gebrochen werden	20 000 t
Lebensdauer des Brechers	15 Jahre
„ der Zahnringe	2 „
„ des Schwingsiebs u. Rückförderbands	8 „
Verzinsung	5%

Kostenaufstellung:

A.	Brecher mit Vorgelege ohne Zahnringe	4700 RM
	Motor 25 PSn = 960 U/min geschlossen	1100 „
	Anlasser, Schutzschalter, Keilriemenantrieb und Spannschiene	550 „
	Montagematerial	350 „
	Transport und Montage	800 „
	Zusammen	7500 RM
B.	Zahnringe aus Manganhartstahl	1500 RM
	Transport und Einbau	200 „
	Zusammen	1700 RM
C.	Schwingsieb 1000×2500 mm	3000 RM
	Rückförderband 600×10000 mm	2800 „
	Elektrische Antriebsteile für Band und Sieb	900 „
	Fracht und Montage	600 „
	Zusammen	7300 RM

Jährliche Abschreibungssumme:

A. $\frac{7500 \cdot 2{,}09 \cdot 0{,}05}{1{,}09}$ . . . . = 720 RM

B. $\frac{1700 \cdot 1{,}1 \cdot 0{,}05}{0{,}1}$ . . . . = 935 „

C. $\frac{7300 \cdot 1{,}48 \cdot 0{,}05}{0{,}48}$ . . . . = 1125 „

Anteilmäßige Abschreibung je Tonne gebrochene Kohle:

I. Bei einem einmaligen Durchlauf der Kohle durch den Brecher:

A + B = 720 + 935 . . . . = 1655 RM/Jahr

$\frac{1655}{20000}$ . . . . = 8,3 Rpf/t

Reine Betriebskosten beim Nachbrechen von 50 t/h Durchsatz in einem Durchlauf:

1. Stromverbrauch (Strompreis 0,03 RM/kWh)	1,2 Rpf/t
2. Schmierung geschätzt	0,2 „
3. Instandsetzungen	0,2 „
4. Bedienung (0,25 RM/h)	0,5 „
5. Anteilige Abschreibung	8,3 „
Zusammen	10,4 Rpf/t

II. Reine Betriebskosten beim Brechen von 65 t/h im Kreislauf, wobei 50 t/h in einer Körnung unter 70 mm und 15 t/h = 30% von 50 t/h in einer Körnung über 70 mm vorliegen. Es ist jetzt ein Brecher von 1000 mm Arbeitsbreite zugrunde gelegt mit einer Abschreibung von 10 Rpf/t. Die jährliche Abschreibung für das Zwischensieb und das Rückförderband muß auf ein Überkornanteil von 15 t/h, also bei 400 Betriebsstunden im Jahr auf 6000 t im Jahr umgelegt werden:

$\frac{1125}{6000}$ . . . . = 18,7 Rpf/t

Betriebskosten des Brechers, bezogen auf die effektive Nutzleistung von 50 t/h:

1. Stromverbrauch	1,6 Rpf/t
Schmierung	0,2 „
3. Instandsetzungen	0,2 „
4. Bedienung (0,25 RM/h)	0,4 „
5. Anteilige Abschreibung	10,0 „
Zusammen	12,4 Rpf/t

Betriebskosten für Schwingsieb und Rückförderband, bezogen auf 15 t/h:

1. Stromverbrauch	1,0 Rpf/t
2. Schmierung	0,7 „
3. Instandsetzungen	1,0 „
4. Bedienung (0,25 RM/h)	1,7 „
5. Anteilige Abschreibung	18,7 „
Zusammen	23,1 Rpf/t

Also betragen die gesamten Betriebskosten beim Kreislauf mit einem Überkornanteil von etwa 30%

12,4 + 23,1 . . . . = 35,5 Rpf/t

Schriftenverzeichnis.

Anderson, Coal Crushing Equipment. Iron Coal Tr. Rev. 4. März 1938.

J. G. Bennett, Broken Coal. The Colliery Guardian (1936), S. 945—948, 993—996, 1053—1055.

Bleibtreu, Kohlenstaubfeuerungen. Berlin: Julius Springer 1930.

H. Bode, Druckfestigkeit von Kohle. Glückauf, 69. Jahrg. (1933), S. 296/297.

Collins and Statham, Coal Breaking Practice. Colliery Engng. (1937), I—VII.

F. J. G. Duck, 10000 Tests Charted to Guide Preparation. Coal Age Dezember 1927, S. 327/328.

Gaudin, An Investigation of Crushing Phenomena. Min. & Metall., Februar 1926.

Gilmore, Nicolls and Connel, Coal Friabilty Tests. Fuel Econ., September 1936.

K. Glinz, Aufbereitung und Brikettierung der Steinkohle. Herbig-Jüngst, Bergwirtschaftliches Handbuch, S. 358ff.

K. Glinz, Die gegenwärtigen Probleme der Kohlenaufbereitung. Glückauf, 65. Jahrg. (1929), S. 1125ff.

F. Heise, Bergbau bei großer Teufe. Der Gebirgsdruck. Herbig-Jüngst, Bergwirtschaftliches Handbuch, S. 317ff.

Fr. Herbst und L. Kühlwein, Notwendigkeit und Zielsetzung der Steinkohlenaufbereitungsforschung. Glückauf, 70. Jahrgang (1934), S. 993ff.

H. J. Hermisson, Zerkleinerungsmaschinen für Roh- und Trockenbraunkohle. Verfahrenstechnik des VDI (1937), H. 3.

F. Hönig, Grundgesetze der Zerkleinerung. VDI-Forsch.-Heft 378, Berlin 1936.

H. Knaust, Einfluß der Förder- und Verladeanlagen auf die Feinkohlenbildung und Wege zu ihrer Verringerung. Glückauf (1937), Nr. 12.

Kohlschütter, Die Bedeutung kompakt-disperser Stoffe für Untersuchungen über Hartzerkleinerungsvorgänge. Verfahrenstechnik d. VDI (1937), H. 1.

Kralik, Marktlage, Preise und Gestehungskosten der Kohle. Borchardt, Handbuch der Kohlenwirtschaft. Berlin 1926.

L. Kühlwein, H. Meyer und E. Hoffmann, Betriebszustand und Betriebsergebnisse in Steinkohlenaufbereitungen des Ruhrbezirkes. Glückauf (1936), 72. Jahrgang, S. 511ff.

K. Lehmann und E. Hoffmann, Kohlenaufbereitung nach petrographischen Gesichtspunkten. Glückauf (1931), 67 Jahrgang, Nr 1, S. 1/14.

K. Meister, Die Entwicklung von Feinbrechern. Verfahrenstechnik d. VDI (1938), H. 2.

K. Meister, Symons-Kegel-Granulator. Z. VDI 82 (1938), S. 1115.

K. Mittag, Beobachtungen und Untersuchungen von Zerkleinerungsvorgängen in der Praxis. Verfahrenstechnik d. VDI (1937), H. 1.

K. Naske, Zerkleinerungsvorrichtungen und Mahlanlagen. Verlag Otto Spaner, 1926.

B. Neumann und L. Kremser, Anreicherung der petrographischen Einzelbestandteile oberschlesischer Steinkohle. Glückauf (1933), 69. Jahrgang, S. 674.

Rammler, Gesetzmäßigkeiten in der Kornverteilung zerkleinerter Stoffe. Verfahrenstechnik d. VDI (1937), H. 5.

Schwartzkopff, Beitrag zur Klärung der Frage, wie die Asche nach Menge und Art im Kohlenstaub enthalten ist, und welche Wege gegeben sind, sie trockenmechanisch zu beseitigen. 15. Berichtfolge des Reichskohlenrates 1928.

G. Spackeler, Die wirtschaftliche Ausnutzung des Gebirgsdruckes. Herbig-Jüngst, Bergwirtschaftliches Handbuch.

E. Stach, Petrographische Zusammensetzung der Kohle. Herbig-Jüngst, Bergwirtschaftliches Handbuch.

K. Stöck, H. Herrmann und H. Udluft, Gebirgsdruck und Plattenstatik. Elastizitätsversuche an karbonischen Gesteinen Oberschlesiens. Z. Berg-, Hütt.- u. Salinenw. 82 (1934), H. 6. — The Breaking of Coal. Iron Coal Tr. Rev., Januar 1937, S. 12. — Crushing technique gains increasing importance with shift to smaller sices. Coal Age 39 (1934), S. 269/271. — Improved type of single-roll coal breaker at Denaby-Main Colliery. Iron Coal Tr. Rev. 129 (1934), S. 845/846. — Untersuchung von Backensteinbrechern. Z. VDI 78 (1934), S. 243/244. — Werbeschriften der verschiedenen Herstellerfirmen.

Lebenslauf.

Ich, Eberhard Jacobi, Sohn des Postrats Rudolf Jacobi, wurde am 27. Oktober 1909 in Berlin geboren. Ich besuchte die Vorschulen in Berlin und Friedberg (H.) und das Gymnasium in Friedberg, das Friedrichsgymnasium in Kassel und die Hindenburgschule in Düsseldorf, an der ich nach 12jähriger Schulzeit 1928 die Reifeprüfung bestand. Nach einhalbjähriger praktischer Arbeit bei der Firma Schiess-Defries studierte ich an der Technischen Hochschule in München und bestand dort 1933 die Diplomhauptprüfung mit Gut. In den Semesterferien arbeitete ich beim Kabelwerk, Duisburg, und beim Autoreparaturwerk von Adler in Düsseldorf praktisch.

Nach dem Studium war ich vom 1. Oktober 1933 bis 31. Dezember 1936 bei der Firma Benno Schilde, Hersfeld, und vom 1. Januar 1937 bis 28. Februar 1938 bei der Firma Caliqua-Wärmeges., Berlin, tätig. Vom 1. März 1938 an führte ich eine Forschungsarbeit im Auftrage des Reichskohlenrates und Oberschlesischen Steinkohlensyndikates durch, die die Grundlage zu meiner Doktorarbeit bildet. Vom 1. Juli 1938 war ich wieder bei der Caliqua-Wärmeges. nebenberuflich beschäftigt.

Batch number: 10682323

Printed by Printforce, the Netherlands